EXPLORE
探秘陀螺仪
THE GYROSCOPE

赵小明 主编

科学出版社
北京

内 容 简 介

《探秘陀螺仪》是一本专为中小学生量身打造的科普读物,以生动有趣的方式介绍陀螺仪这一经典传感器技术。陀螺仪,不同于大家耳熟能详的玩具陀螺,其因独特的科学属性广泛应用于各行各业,从古老的航海导航到现代的高科技领域,陀螺仪始终扮演着不可或缺的角色。

本书以陀螺仪的视角展开,带领读者穿越时空,从早期的机械陀螺仪讲起,逐步深入到现代的量子陀螺仪,详细介绍其在航海、航空、航天、自动驾驶等领域的广泛应用。书中不仅回顾陀螺仪的发展历程,还深入探讨其工作原理,包括角动量守恒、科氏力、量子力学等的应用,以揭示这些复杂科学原理背后的奥秘。

图书在版编目(CIP)数据

探秘陀螺仪 / 赵小明主编. -- 北京:科学出版社, -- 2025.3.
ISBN 978-7-03-081773-0

Ⅰ. TN965-49

中国国家版本馆CIP数据核字第2025Y1N047号

责任编辑:许寒雪 赵艳春 / 责任制作:周 密 魏 谨
责任印制:肖 兴 / 封面设计:郭 媛

科学出版社 出版
北京东黄城根北街16号
邮政编码:100717
http://www.sciencep.com

北京中科印刷有限公司印刷
科学出版社发行 各地新华书店经销

*

2025年3月第 一 版 开本:720×1000 1/16
2025年3月第一次印刷 印张:8
字数:120 000

定价:68.00元

(如有印装质量问题,我社负责调换)

探秘陀螺仪

主　　编　赵小明

副 主 编　肖　乾　赵丙权

编写人员　皮燕燕　姜丽丽　梁　鹄

序

欢迎翻开《探秘陀螺仪》，一同走进这个充满智慧与奥秘的科学领域，开启一段探索之旅。

说到"陀螺仪"，大家或许会立刻联想到那种用手轻轻一甩便能在地上旋转的陀螺玩具。然而，陀螺仪远不止于此。它并非玩具的简单延伸，而是基于深刻科学原理的结晶，是堪称"运动感知大师"的高科技装置。它的故事，宛如一部精彩绝伦的科学史诗，值得我们深入探究。

这本书从陀螺仪的诞生讲起，追溯它如何从一个简单的科学设想逐步发展为如今的高科技产品。大家会看到，它在深海中为潜艇指引方向，使其躲避重重险阻；在浩瀚宇宙中帮助宇航员找到归途。当然，陀螺仪也早已融入我们的日常生活，从智能手机、体感游戏机到自动驾驶汽车，无处不在。

为了让同学们更好地理解陀螺仪的奥秘，本书采用通俗易懂的语言，结合基础的数学、物理和化学知识，深入浅出地解释其工作原理。书中还配有大量生动的例子和精美的插图，帮助同学们在阅读中更好地感受它的广泛应用。

当然，这本书的意义远不止于此。希望通过这本书，能让同学们领略科学的魅力。科学并非遥不可及，它就在我们身边，触手可及，充满乐趣与惊喜。期待有一天，同学们能因这本书而对科学产生浓厚的兴趣，投身于科学研究，发明出更先进的陀螺仪和其他科学仪器，或用陀螺仪解决生活中的实际问题。

这本书不仅是一本关于陀螺仪的科普读物，更是一把打开科学之门的钥匙。愿同学们在阅读这本书的过程中，不仅收获知识，更收获快乐，以及对科学的热爱与向往。

中国科学院院士
2025 年 2 月

目 录

第1章
我的奇妙世界

1.1 我的名字 ·· 5
1.2 我的诞生 ·· 5
1.3 我是你们身边的"隐形助手" ·· 8

第2章
我怎么工作的呢？

2.1 我的旋转魔法 ··· 12
    2.1.1 矢量 ·· 12
    2.1.2 质点的角动量 ··· 13
    2.1.3 质点的角动量定理 ··· 14
    2.1.4 质点的角动量守恒定律 ······································· 14
    2.1.5 惯性系与非惯性系 ··· 15
    2.1.6 我的定轴性 ·· 17
    2.1.7 我的进动性 ·· 18
    2.1.8 稳定旋转轴助力精准角度测量 ······························ 19
2.2 我的时间戏法（光学陀螺仪的原理） ··························· 20
2.3 我的数学魔法 ··· 22
    2.3.1 科氏力现象 ·· 22
    2.3.2 基于科氏力的转动角速度测量 ····························· 26
2.4 我的性能标签 ··· 28
    2.4.1 我随时间的漂移 ·· 28
    2.4.2 我的线性度 ·· 30
    2.4.3 我与真值的差别 ·· 31

第3章
我的家族成员

3.1 机械陀螺仪：初代守护者 …………………………………… 35
　3.1.1 我的身体构造 ………………………………………… 35
　3.1.2 我的家族成员 ………………………………………… 40

3.2 光学陀螺仪：光速导航者 …………………………………… 50
　3.2.1 光纤陀螺仪 …………………………………………… 50
　3.2.2 激光陀螺仪 …………………………………………… 59

3.3 半球谐振陀螺仪：精准舞者 ………………………………… 64
　3.3.1 我的身体结构 ………………………………………… 65
　3.3.2 我的独有属性 ………………………………………… 66

3.4 微机械陀螺仪：小巧玲珑的精灵 …………………………… 71
　3.4.1 我从何而来 …………………………………………… 72
　3.4.2 我的特点 ……………………………………………… 73
　3.4.3 我的尺度效应 ………………………………………… 75
　3.4.4 我的兄弟姐妹 ………………………………………… 77

3.5 原子陀螺仪：量子世界的导航者 …………………………… 78
　3.5.1 我有何不同 …………………………………………… 78
　3.5.2 我的辉煌历程 ………………………………………… 79
　3.5.3 我的家族成员 ………………………………………… 83
　3.5.4 我的技术特点 ………………………………………… 86

第4章
我的冒险之旅

4.1 我在海洋中遨游 ……………………………………………… 92
　4.1.1 船舶和潜航器的姿态稳定 …………………………… 93
　4.1.2 深海导航与定位 ……………………………………… 94
　4.1.3 地形测绘与科考研究 ………………………………… 94

4.2 我在太空中探索⋯⋯⋯⋯⋯⋯⋯⋯⋯⋯⋯⋯⋯⋯⋯⋯⋯⋯⋯⋯⋯⋯ 95
4.3 我在空中做指挥⋯⋯⋯⋯⋯⋯⋯⋯⋯⋯⋯⋯⋯⋯⋯⋯⋯⋯⋯⋯⋯⋯ 100
4.4 我与自动驾驶的奇幻冒险⋯⋯⋯⋯⋯⋯⋯⋯⋯⋯⋯⋯⋯⋯⋯⋯⋯ 102
4.5 我与地球的不解之缘⋯⋯⋯⋯⋯⋯⋯⋯⋯⋯⋯⋯⋯⋯⋯⋯⋯⋯⋯ 108

第5章
我未来的样子

5.1 量子技术的融合⋯⋯⋯⋯⋯⋯⋯⋯⋯⋯⋯⋯⋯⋯⋯⋯⋯⋯⋯⋯⋯ 114
5.2 微型化与集成化：我无处不在⋯⋯⋯⋯⋯⋯⋯⋯⋯⋯⋯⋯⋯⋯⋯ 115
5.3 智能化与自适应：我的"大脑"进化⋯⋯⋯⋯⋯⋯⋯⋯⋯⋯⋯⋯ 116
5.4 跨界融合：我与新兴技术的碰撞⋯⋯⋯⋯⋯⋯⋯⋯⋯⋯⋯⋯⋯⋯ 118

第1章

我的奇妙世界

在地球浩瀚无垠的蓝色肌肤之下，隐藏着许多人类还未完全揭示的秘密。其中，极为引人入胜的，要数地球上最深的海沟——马里亚纳海沟。它的深度远超陆地上最高山峰的高度，深邃至极，以至于阳光都无法穿透。尽管那里的环境极端——压力巨大、温度极低、缺乏阳光照射，但科学家们惊奇地发现，那里仍然有生命存在。马里亚纳海沟，不仅是探索自然奥秘的圣地，更是人们洞察地球、了解生命奇迹的一个重要窗口。

2020年6月，我有幸成为"海斗一号"深海潜航器的一员，担任潜航器的"眼睛"和"耳朵"，与勇敢的科学家们共同踏上了探索马里亚纳海沟的旅程。随着"海斗一号"缓缓下潜，周围的光线逐渐消失，取而代之的是无尽的黑暗和巨大的水压。在这极端复杂的深海环境中，我时刻保持警觉，确保潜航器能在未知的海域中稳定前行。

当"海斗一号"越潜越深时,我敏锐地捕捉到了潜航器在水中的每一个微小动作。这些变化或许微不足道,但对我来说,它们却如同指引方向的灯塔,对安全航行和成功探底至关重要。我像一个训练有素的舞者,能够根据这些信息不断地调整,以确保潜航器能够准确无误地抵达预定的探底位置。

我的任务并不轻松。深海的重力场分布不均,地形千变万化,水流复杂难测,这些都给潜航器的稳定航行及探底带来了巨大的挑战。然而,正是这些挑战激发了我更加坚定的信念。我不断调整自己的状态,以适应各种复杂的环境变化,确保潜航器在任何情况下都能够保持稳定的姿态。

当"海斗一号"成功地在马里亚纳海沟 10907 米的深处着陆时,我体验到了前所未有的激动与自豪。那一刻,所有的努力与付出都化为了成功的喜悦,我深知自己的贡献为这一历史性时刻增添了光彩。

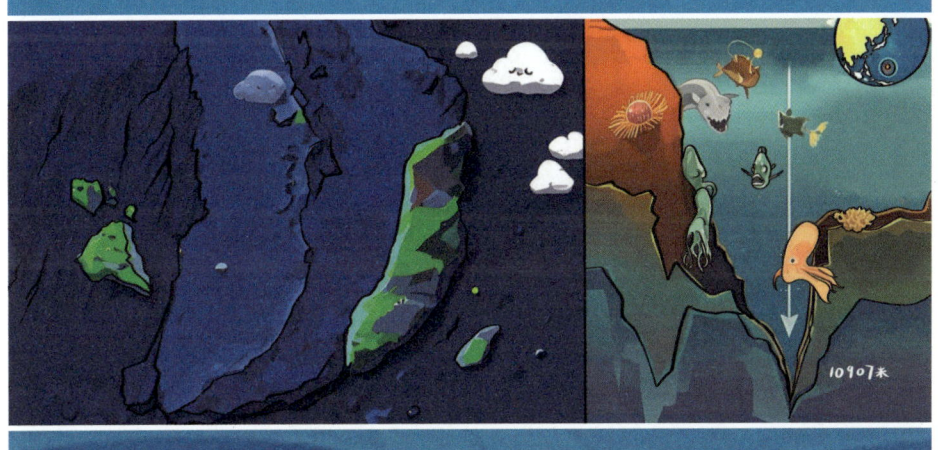

同年 11 月，我又与"奋斗者"号一同踏上了深海的探险之旅。我们承担着一项历史性任务——载人航行器首次深入万米的挑战。这不仅是对未知领域的勇敢探索，更是为未来深海空间站的建设进行一次重要的预演。在这次任务中，我见证了人类科技的巨大进步和无尽的探索精神。我为能参与其中而感到无比自豪，因为我为人类的未来探索之路贡献了自己的力量。

1.1 我的名字

我的英文名叫"gyroscope"。这个名字是由希腊语中的"gyro"（意为"旋转"）和"skopein"（意为"观察"）两个词汇结合而来的。这个独特的命名不仅揭示了我的本质属性，更精准地传达了我的核心功能：通过精密地旋转和观察来准确感知方向。一位智慧的先生为我赋予了富有诗意的中文名字——陀螺仪。这个名字简洁而富有哲理，而我确实如同一个旋转的陀螺，稳定而精准地指引着方向。与全球卫星导航系统最大的不同在于，我能够依靠自身独立获取当前的前进方向，结合我的搭档加速度计，还能给出当前的位置信息。而全球卫星导航系统必须依靠天上的卫星及地面的接收器，才能提供方向和位置信息。

1.2 我的诞生

可能大家对我最初的想象，是那个 20 世纪 80 年代的画面——儿童们手持绳子抽打陀螺，使它在地上飞速旋转。每抽一下，陀螺的旋转速度就越快。它像是一个童年的快乐符号，给大家带来了无尽的欢笑。然而，我背后的科学原理，却有着更深远的意义。

把时间线拉回到 1850 年，莱昂·傅科——这位法国的科学家，在观察旋转物体的行为时受到启发。他注意到，当物体高速旋转时，其旋转轴似乎总是指向一个固定的方向。这个现象让他开始思考，如何利用这种特性进行科学研究。

傅科开始了他的实验，他制作了一个简单的装置，即一个高速旋转的转子（rotor）。他观察到，无论转子如何被扰动，其旋转轴总是能迅速回到初始的方向。这一发现让傅科意识到，这种装置可以用来指示方向。

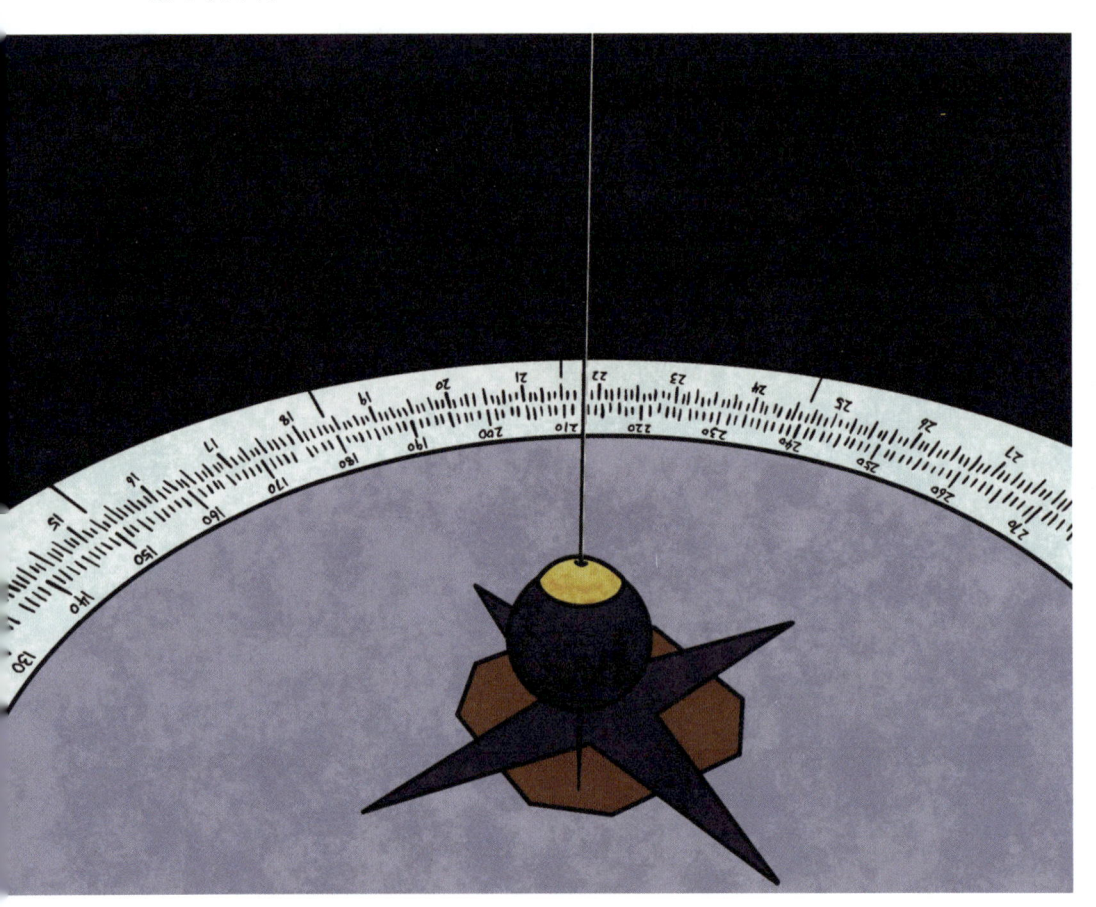

傅科最初使用陀螺仪来验证地球的自转。他设计了一个巨大的傅科摆（我的前身），并将其悬挂在一个大厅的顶部。随着地球的自转，人们惊奇地发现，傅科摆的旋转平面并没有保持静止，而是逐渐发生了偏转。这个微妙而显著的变化,正是地球自转的有力证据。这一发现不仅震撼了当时的科学界,也为后来的科学研究奠定了坚实的基础。

这一突破性的实验成果,不仅证明了地球的自转,也催生了载体角度测量技术的革新。傅科于1852年在法国科学院进行了另一次实验。他展示了一台由细线悬挂着装有转子的圆环构成的新仪器,转子的旋转轴可自由改变方向。让转子的旋转轴沿子午线朝北保持水平,无力矩作用时,旋转轴应保持惯性空间中的指向不变。如地球逆时针转动,地球上的观测者应能看到旋转轴相对地球的顺时针偏转,从而再次证明了地球自转。但实验并未获得预期结果,两个重要因素导致了失败。其一是转子的转速太低,其二是悬线的扭矩严重阻碍了转子的运动。实验虽未成功却具有重要意义,因为这台不够完善的仪器是历史上第一台具有科学意义的陀螺仪。

自此,我——作为一个能够精准、可靠地建立任意参考系与惯性坐标系(简称惯性系)角度关系的关键器件,应运而生。我继承了傅科摆的精髓,同时融入了现代科技的力量,使得任意坐标系与惯性坐标系角度关系测量变得更加精确、便捷。

1.3 我是你们身边的"隐形助手"

我可以轻巧地嵌入智能手机和游戏手柄中,就像一个随时待命的精灵。当你玩游戏或者需要使用手机进行某些操作时,我能立刻感知设备的姿态变化,无论是上下翻转还是左右摇摆,我都能迅速捕捉并将这些信息传递给手机或手柄。这样，你在玩游戏或者进行手机操作时，就能享受更加精准的控制，仿佛设备就是你身体的一部分，你能随心所欲地操作。

不仅如此，我还可以装在无人机的云台上，成为无人机的"稳定器"。无人机在空中飞行时，难免会遇到气流等干扰，导致拍摄画面出现抖动。这时，我就能大显身手了！通过感知和调整，我能够大大减少画面的抖动，让拍摄的画面更加清晰稳定，仿佛是用专业的摄影设备拍摄的一样。

如今，我更是被广泛应用于虚拟现实（VR）和增强现实（AR）的设备中。在这些高科技的世界里，我能够实时跟踪用户头部和手部的动作，无论用户是转头、抬头、低头还是抬手、挥手，我都能精确捕捉并将这些信息反馈给设备。这样，用户在 VR 或 AR 世界中就能获得更加真实的感受，仿佛身临其境，享受沉浸式的奇妙体验。

第 2 章

我怎么工作的呢？

2.1 我的旋转魔法

2.1.1 矢量

日常生活中常见的质量、温度、体积、时间可以只用数值表示。在物理学中，这类只有大小没有方向的量被定义为标量。

而速度、加速度、位置不仅包含数值还具备方向性。在物理学中，这类既有大小又有方向的量被定义为矢量。人们通常用一条带箭头的线段表示矢量，其中线段的长度表示矢量的大小，箭头表示矢量的方向。

2.1.2 质点的角动量

想象一下,你正在玩一个旋转的陀螺,当你用一根细绳轻轻拉动它的一端时,它的旋转状态会发生变化。这个变化,其实就涉及了一个物理概念——角动量。角动量,这个物理量,通常用矢量 $\vec{l}$ 表示,当一个质点绕某一点(如原点或旋转中心)旋转时,它就具有了这个量。角动量,简单来说,就是物体在旋转时的一种"惯性"表现,它描述了物体绕某个点的"旋转力量"。它类似于人们熟悉的动量,但动量描述的是质点的直线运动状态,而角动量则描述的是质点的旋转运动状态。

质点的角动量定义为质点到旋转中心的距离(称为矢径,用 $\vec{r}$ 表示)与质点动量(用 $\vec{p}$ 表示)的叉积。角动量 $\vec{l}$ 可以表示为 $\vec{l} = \vec{r} \times \vec{p}$。其中,质点动量 $\vec{p}$ 等于质点的质量(m)与速度($\vec{v}$)的乘积,即 $\vec{p} = m\vec{v}$。因此,质点的角动量也可以表示为 $\vec{l} = \vec{r} \times m\vec{v}$。

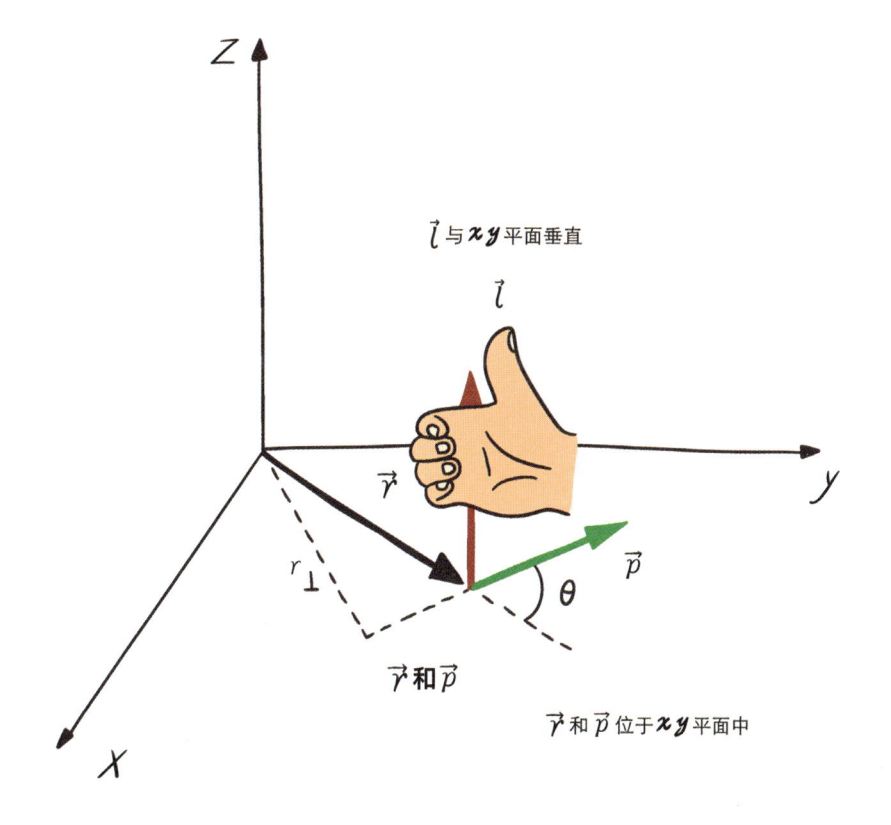

这里的叉积是一种矢量运算，它遵循右手螺旋定则，即右手四指从矢径 $\vec{r}$ 的方向转向动量 $\vec{p}$ 的方向时，大拇指所指的方向就是角动量 $\vec{l}$ 的方向。

2.1.3 质点的角动量定理

角动量定理是表述角动量与力矩之间关系的定理。现在，你想知道这个陀螺的"旋转力量"是怎么随着时间变化的，也就是它是越转越快，还是越转越慢，或者是保持不变呢？为了找出答案，你可以想象一个"小助手"，它每隔很短的时间就测量一次陀螺的"旋转力量"，然后告诉你这个力量有没有变化、变化了多少。这个"小助手"的工作，就像是在做数学题时求导数一样，它帮助人们了解了一个量（在这里是角动量）是如何随时间变化的。质点的角动量定理描述为质点对固定点的角动量对时间的变化率，等于作用于该质点上的力对该点的力矩。用公式可以表示为

$$\vec{M} = \frac{d\vec{l}}{dt}$$

2.1.4 质点的角动量守恒定律

在没有外力矩作用的情况下，质点的角动量是守恒的。这意味着，如果一个质点正在绕某点旋转，并且没有外力矩（即没有力作用在质点上或者力的作用线通过旋转中心，$\vec{M}=0$）来改变它的旋转状态，那么它的角动量将保持不变。这是物理学中的一个重要定律，与动量守恒定律有类似之处。即

$$\frac{d\vec{l}}{dt}=0, \vec{l_{初始}} = \vec{l_{最终}}$$

将角动量定义代入上式可得

$$\vec{r_{初始}} \times mv_{初始} = \vec{r_{最终}} \times mv_{最终}$$

其中$\overrightarrow{r_{初始}}$和$\overrightarrow{r_{最终}}$分别是质点在初始状态和最终状态到旋转中心的距离，$\overrightarrow{v_{初始}}$和$\overrightarrow{v_{最终}}$分别是质点在初始状态和最终状态的速度。该公式形象表达了质点角动量守恒的原理。

2.1.5 惯性系与非惯性系

物体在没有受到外力作用时，会保持其静止状态或者匀速直线运动状态不变，这种性质即为惯性，它是牛顿第一定律的核心内容。在生活中，当你坐在行驶的汽车上时，如果汽车突然刹车，改变了它原本的运动状态，但你的身体会由于惯性，试图保持原来的运动状态，因此你会感觉到身体往前冲，这就是惯性在生活中的一个具体表现。

当汽车在路上行驶时，如果车上的你和其他人相互看，你们都会觉得对方是静止的。然而，对路边的人来说，他们却会看到你们和汽车一起在运动。这种差异就来源于观察者的视角不同，也就是物理学中所说的参考系不同。

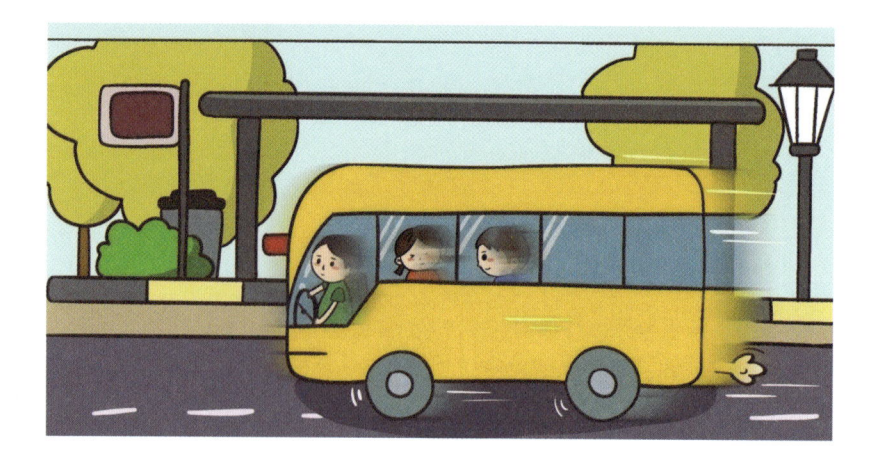

在物理学中，只有当物体处于一个不受外力影响而保持静止或匀速直线运动的参考系，也就是惯性系时，牛顿提出的两大基本定律——第一定律（惯性定律）和第二定律（动量定律），才能够完全、准确地发挥作用。如果一个参考系使得牛顿的第一定律和第二定律不再成立，那么这个参考系就被称为非惯性系。你可能会好奇，人们生活的地球是不是一个惯性系呢？

现在，回到地球上来。地球本身在不停地自转，同时还绕着太阳公转，并且太阳系又在银河系中移动，这一切听起来似乎很复杂，好像地球并不是一个"安静"、简单的惯性系。但实际上，考虑日常生活中的物体运动时，比如扔一个球或者骑自行车，地球的自转和公转对这些相对小尺度、短时间内的运动影响非常小，可以忽略不计。

因此，在大多数情况下，特别是在日常生活和大多数科学实验里，可以把地球近似看作一个惯性系。这意味着，在这些情境下，可以直接使用牛顿运动定律来描述和预测物体的运动，而不必担心地球本身的运动会对结果产生显著影响。当然，如果是在研究非常精确的天文现象、高速运动（接近光速）的粒子，或者需要极高精度的导航定位时，就需要更仔细地考虑地球运动及其他因素带来的影响了，这时可能就需要用到更复杂的理论，比如相对论等。

综上，我的旋转可以用一条带箭头的线段（矢量）来表示，箭头的方向是我旋转的方向，线段的长度是旋转的快慢。我利用这个旋转的特性（角动量），在"不动"的背景（惯性系）中，稳定地保持自己的方向，即使周围的东西在动，也能准确地告诉你我的旋转状态。

2.1.6 我的定轴性

我的"心脏"——转子，以极高的速度旋转时，会产生巨大的角动量，这种角动量使得我具有抗拒方向改变的趋向。当你对一个正在高速旋转的我施加一个外力时，我并不会直接沿着这个力的方向改变旋转的方向——旋转轴，而会像优雅的舞者一样，围绕一个与这个力垂直的方向进行轻盈的旋转。当我旋转得越快，就越难改变我的旋转方向。

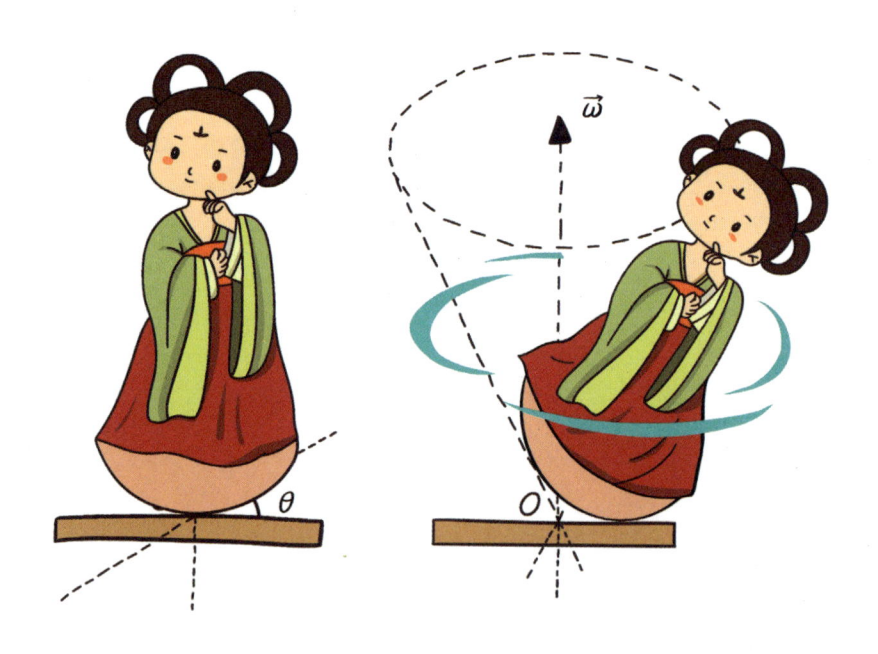

2.1.7 我的进动性

假定有一干扰力矩作用在刚体（不转动的转子）上。此时，绕内框架轴作用的力矩 $\overline{M}$ 就会使框架连同不转动的转子一起，沿着该力矩的方向以一定的角加速度转动。例如，有一个重物放在内框架的一端，它将无法被内框架支承，而会连同内框架一起转到最低点。然而，当转子高速旋转时，所加的重物则不会引起内框架的倾斜。

此时，旋转轴将绕外框架以角速度 $\vec{\omega}$ 转动。同样，当转子高速旋转时，如果在外框架轴上作用一个力矩 $\vec{M}$，并不会引起外框架的转动，而旋转轴会绕内框架轴转动。这种转动称为进动，也称作旋进。

进动的方向，即转子的旋转轴沿最短途径倒向外力矩的方向。进动速度、动量矩及外力矩之间的关系式为

$$\vec{M} = \vec{\omega} \times \vec{H}$$

当动量矩 $\vec{H}$ 与外力矩 $\vec{M}$ 相互垂直时，则进动速度为 $\omega = \dfrac{M}{H}$，当外力矩消失时，进动立即停止。

2.1.8 稳定旋转轴助力精准角度测量

举个例子，精密的我被安装在飞机内部，保持着高速旋转。凭借我的定轴性，即便飞机发生倾斜，我依然可以保持水平状态。利用这一点，人们就可以测算出飞机的倾斜变化。

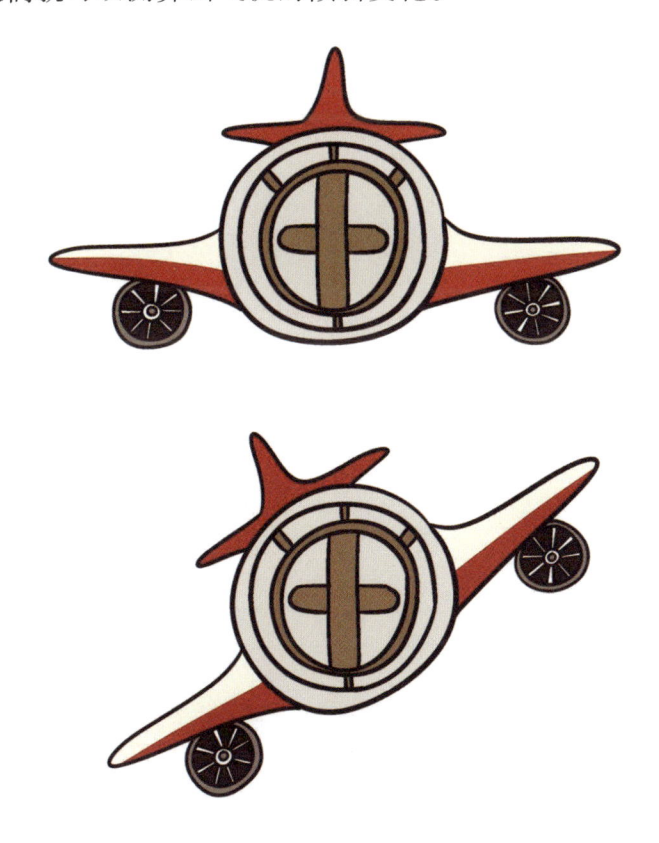

2.2 我的时间戏法（光学陀螺仪的原理）

时间，对我来说，就像是生命的计分板，告诉我事情发生的顺序和持续多久。但时间并不是一成不变的，它有时会和我玩些小把戏，特别是在我运动得非常快的时候。

想象一下，你和你的同学在学校的操场上玩一个游戏。老师让你们从同一条起跑线出发，然后分别沿着顺时针和逆时针方向跑。你们两个人都跑得一样快，路线也完全一样，只是方向相反。当你们跑完一圈回到起点时，老师问："你们用的时间是一样的吗？"

在现实生活中，你们会发现，不管你们是顺时针跑还是逆时针跑，只要速度和路线一样，回到起点的时间都是相同的。这就是时间的公平性。

但让我们把这个游戏的速度提升到宇宙的极限速度——光速。想象一下，你变成了光束，以每秒约 299792 千米的速度在操场上飞奔。这时，一些非常奇怪的事情就会发生。因为当你接近光速时，时间会变慢，这被称为时间膨胀。如果你真的能以光速奔跑，你可能会觉得自己几乎不再变老，但你的同学会发现你好像突然消失了，当你再次出现时，你的同学已经老了很多。

现在，来谈谈一个叫作萨尼亚克效应的神奇现象。1913 年，法国物理学家乔治·萨尼亚克通过实验观察到，在一个旋转的环形干涉仪中，同一光源发出的两束光，当它们在起点再次相遇时，相位出现了差异，就像两个跑完不同距离的运动员，他们的呼吸和心跳是不同的。而如同两个水波相遇时产生的波纹一样，这种相位差异导致两束光在相遇时产生了干涉条纹，当环路有旋转角速度时，这些干涉条纹会发生移动。这个现象就是萨尼亚克效应，它告诉人们，即使在光速下，旋转和方向也是重要的。这个效应不仅极大地拓展了人们对时间的认识，而且其应用范围也延伸至众多尖端技术领域，例如光学陀螺仪。

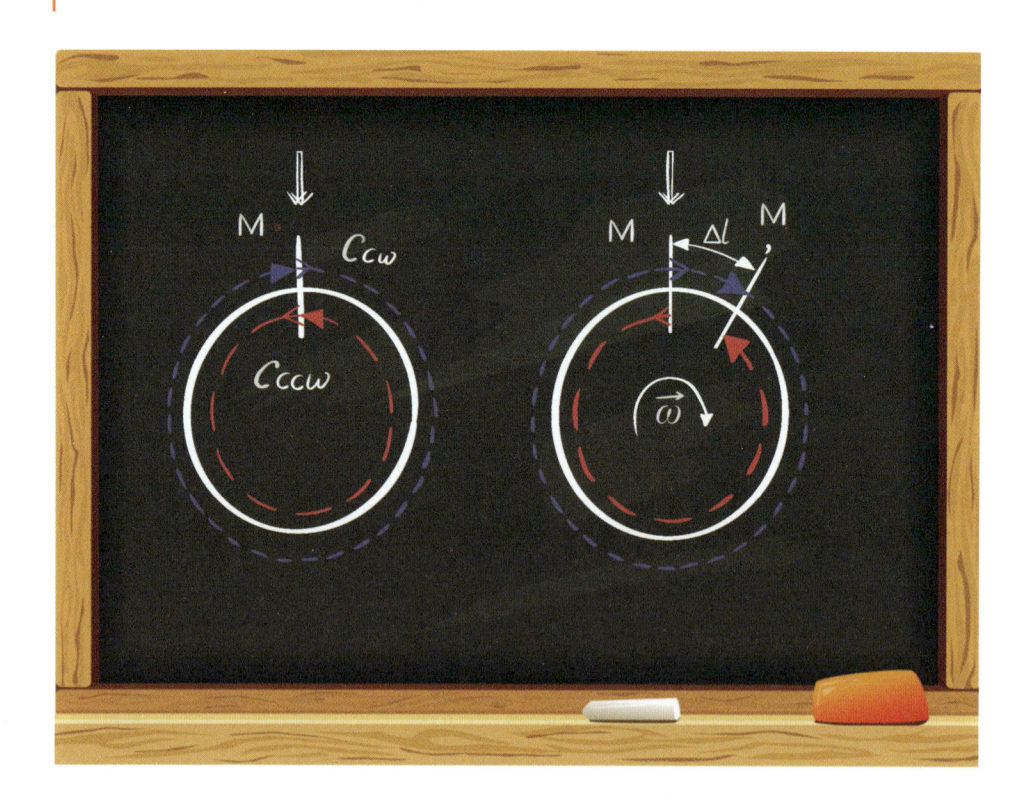

2.3 我的数学魔法

2.3.1 科氏力现象

科氏力,也就是科里奥利力(Coriolis force),听起来可能有点复杂,但其实它描述了一个非常有趣的现象:在地球上或者任何旋转的系统中,如果你尝试做直线运动,你会发现自己的路径神奇地弯曲了。

想象一下,你是一个在旋转转盘上的小球,你决定沿着转盘的半径直线向前滚动。你以为自己会走成一条直线,但当你的朋友从外面看时,他会看到你实际上是沿着一条曲线在走。从某种意义上来说,你眼中的直线是以脚下的转盘为参考系的,而在旁人的眼中,由于转盘的转动,这条直线其实一开始就是一条曲线。这就是科氏力在"捣鬼"。

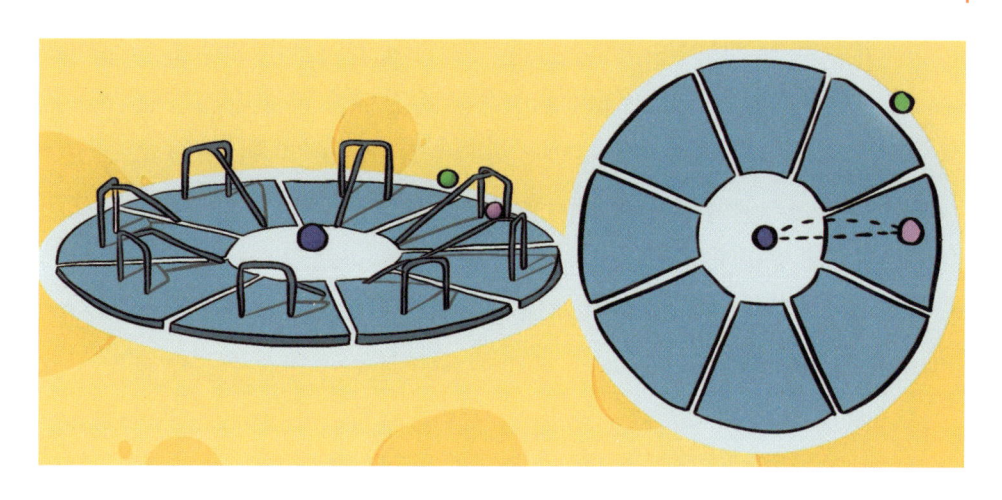

下面用一个简单有趣的小实验来理解伽利略的相对性原理。想象一下,你坐在一艘大船的船舱里,这艘船正在平静的湖面上匀速直线行驶。现在,把所有的窗户都关上,你还能感觉到船在动吗?大概率你感觉不到。因为在船舱里做的任何物理实验,比如扔一个小球,观察它落到地面的位置,你会发现,结果和船静止时完全一样。这就涉及了惯性——物体在没有外力作用时,会保持原有的运动状态,无论是静止还是匀速直线运动。

而相对性原理的核心就是：在匀速直线运动的参考系中，物理规律与静止参考系中的完全相同。换句话说，惯性让船舱内的物理现象看起来就像船没有运动一样，这就是相对性原理的奇妙之处。

同样，当你坐在平稳飞行的飞机上，或者在火车、电梯里，你可能会感觉它们是静止的，即使你知道自己在移动。这是因为这些交通工具的运动是匀速直线的，没有加速度，所以人们感觉不到它们在运动。

然而，地球与这些交通工具有所不同。人们习惯于以地面作为参照系，而地面本身与人们一同参与地球的自转。由于缺乏相对运动，人们无法直接感知地球的自转。地球的自转赋予其类似巨大旋转木马的特性。人们立足于地球表面，就如同坐在旋转木马上。地球为人们提供了一个旋转的参考框架，而人们自身则构成了一个以自我为中心的静止参考框架。正是这两种参考框架之间的差异，导致科氏力的产生。这种力看似神秘，实则是惯性作用的一种表现。

科氏力并不真的是一种力，它更像是一种连接两个不同参考系的桥梁。它无处不在，影响着人们的生活。

在科氏力的影响下，炮弹也会偏离预定的方向。回顾历史，第一次世界大战期间，德国曾动用其引以为豪的"巴黎大炮"（亦称"贝尔塔炮"，拥有约 130 千米的惊人射程），对巴黎进行远程炮击。然而，德军沮丧地发现，由于科氏力的作用，这些远程发射的炮弹往往会向右偏离其预定目标。这一现象在当时对德军指挥官构成了不小的挑战，因为他们需要不断调整炮击参数以修正这一偏差。

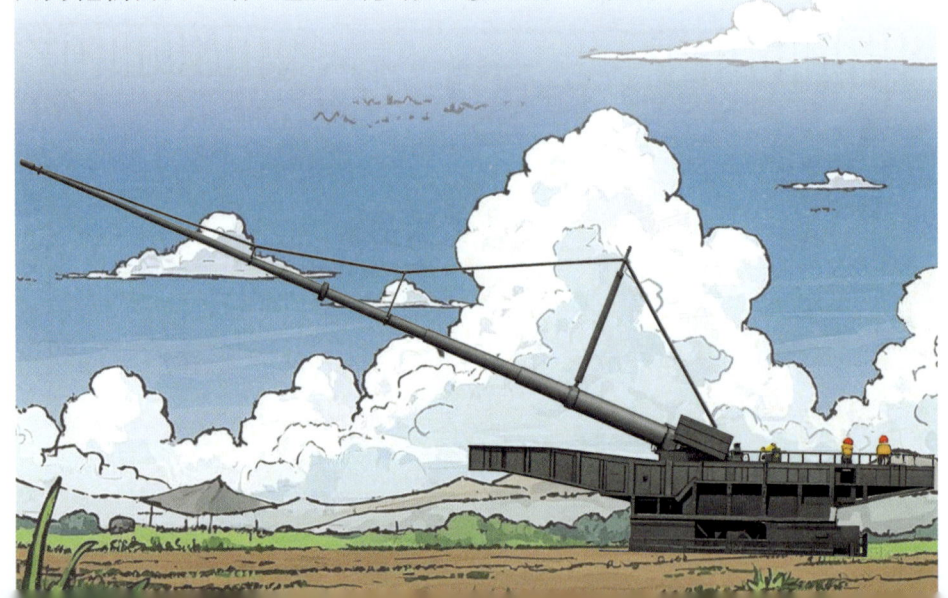

当你冲马桶时，水流的旋转方向在北半球和南半球是不同的。在北半球水流的旋转方向是逆时针，在南半球水流的旋转方向是顺时针，这就是科氏力的作用。

相对于前进方向，风在北半球会向右偏转，在南半球会向左偏转，这也是科氏力的结果。这就是人们看到在不同海域形成的风，呈现不同旋转方向的原因。

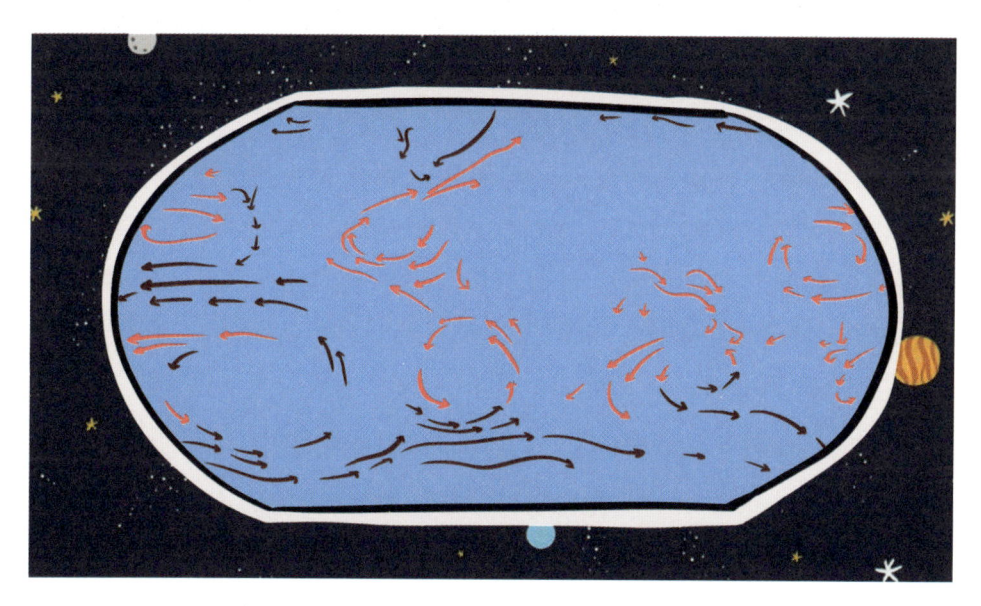

所以，当你下次看到天气预报中的风暴，或者在飞机上感受不到自己的移动时，不妨想一想科氏力这个"看不见的魔术师"。它悄悄地影响着这个世界，让人们的生活丰富多彩。

2.3.2 基于科氏力的转动角速度测量

下图为基于科氏力的原理绘制的相应示意图。

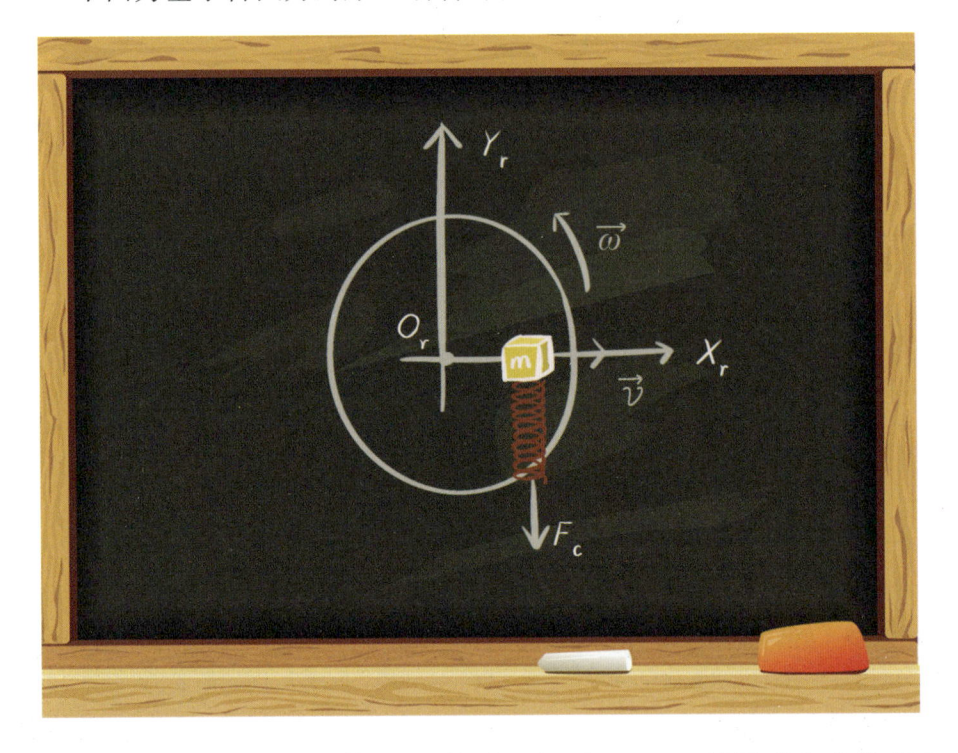

惯性系 Oxy 是地球坐标系，旋转坐标系 $O_rX_rY_r$ 是固联在我外壳上的坐标系。我的内部有一个质量块 m，它通过一个弹簧与我的外壳连接。如果通过某种方式使质量块 m 具有沿 x 轴方向的速度 $\vec{V_x}$，假设其大小是 v，则可用矢量 $\vec{v}$ 表示。于是当我没有转动时，m 相对于旋转坐标系的速度用符号 $\vec{V_{xr}}$ 表示，其沿着 x_r 方向，大小也是 v。

当我以角速度 $\vec{\omega}$ 旋转时，如果没有通过弹簧固定 m，那么 m 将在科式力 $\vec{F_c}$ 的作用下相对于旋转坐标系产生除 $\vec{V_{xr}}$ 以外的速度。自然，该速度将会产生沿 $\vec{F_c}$ 方向的位移。

但是，由于弹簧的存在，弹簧受到挤压后，会给 m 一个与 $\vec{F_c}$ 大小相等的力，从而消除了科氏力产生的加速度（旋转坐标系视角下），消除了进而产生的速度（旋转坐标系视角下），于是此时 m 在旋转坐标系视角下就只有沿 x_r 轴的速度 $\vec{V_{xr}}$，大小为 v，下面说明直接用 $\vec{v}$ 来表示该速度。

而在弹簧处，可以测得 $\vec{F_c}$ 的大小，于是就凑齐了公式 $\vec{F_c} = 2m(\vec{v} \times \vec{\omega})$ 中的 $\vec{F_c}$、m、$\vec{v}$，进而就可计算 $\vec{\omega}$。

上面的计算方法无疑是正确的，但是有一个限制——我自身不能有加速度，即旋转坐标系本身不能有相对于惯性系的线加速度。因为如果我有线加速度 $\vec{a}$，那么弹簧不仅要为 m 提供一个力抵消科氏力，还要为 m 提供一个力使它也产生这个加速度。而人们能够直接测量的是这两个力的合力 $\vec{F}$，无法从中单独恢复科氏力的大小。即公式应该变成 $\vec{F} = m\vec{a} + 2m(\vec{v} \times \vec{\omega})$。

解决办法是采用如下图所示的结构。

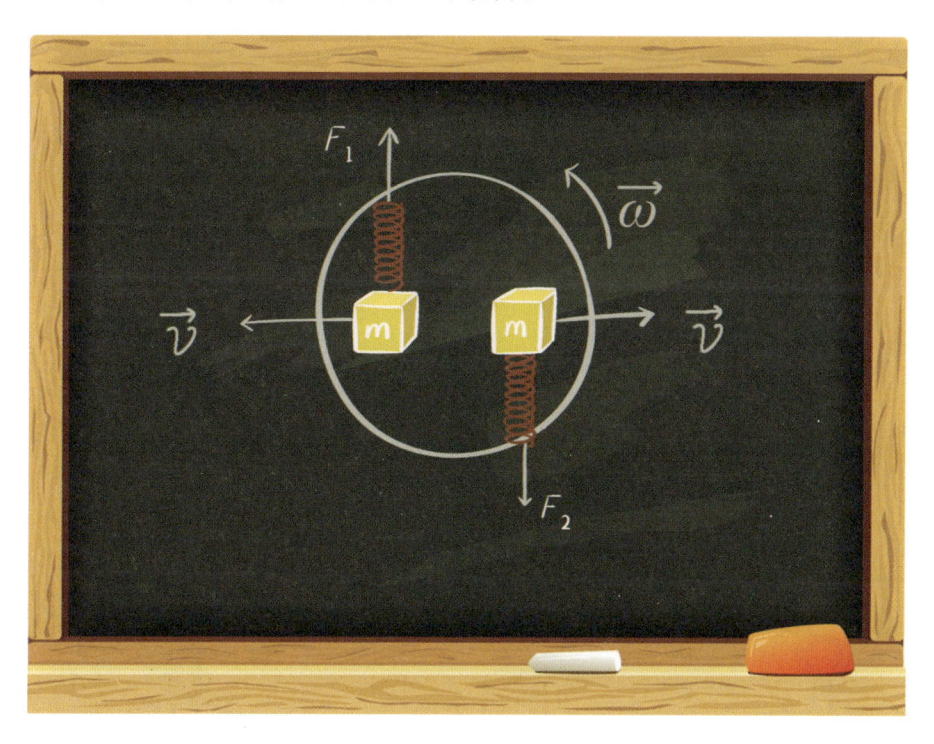

此时公式变成

$$\vec{F_1} = +m\vec{a} + 2m(\vec{v} \times \vec{\omega})$$

$$\vec{F_2} = -m\vec{a} + 2m(\vec{v} \times \vec{\omega})$$

于是

$\vec{F_1} + \vec{F_2} = 4m(\vec{v} \times \vec{\omega})$ 就可抵消 $\vec{a}$ 的影响，进而求解 $\vec{\omega}$。

2.4 我的性能标签

2.4.1 我随时间的漂移

我是一台精密的仪器，所以我会受到一些影响，致使测量的角度会随时间而变化，这种现象被称为"漂移"。有很多因素会引发这一现象，比如温度变化、机械磨损、电子噪声等。

温度变化。想象你在一个非常冷的冬天早晨，把陀螺放在室外。随着太阳升起，温度逐渐升高，陀螺的材料会因为热胀冷缩而发生微小的变化。这种形变虽然难以用肉眼察觉，但却足以对陀螺的旋转稳定性产生微妙影响。设想一下，如果我在控制航天器运动角度，那么这种微小的形变意味着可能会导致轨道出现微小偏移，进而影响整个任务的成败。

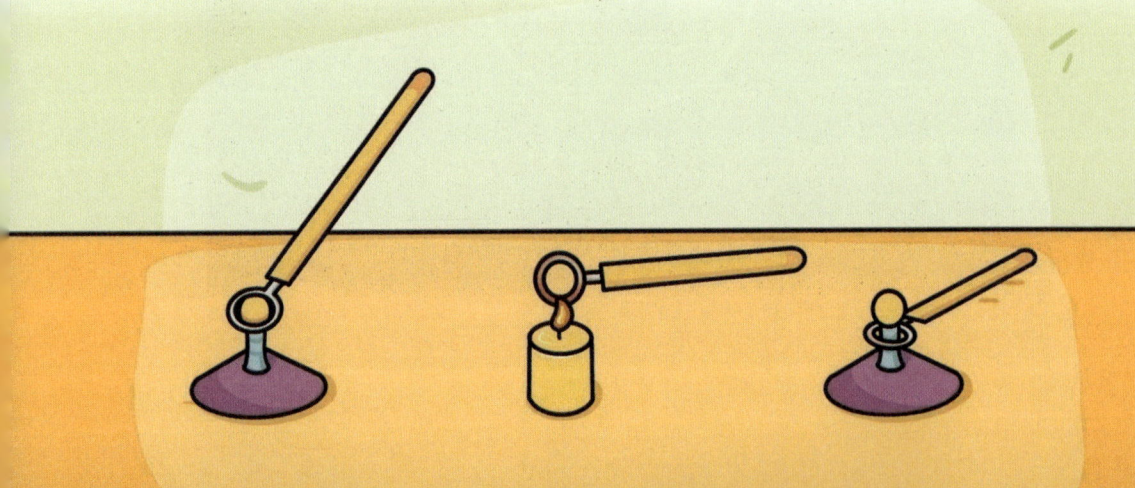

机械磨损。如果你长时间玩同一个陀螺，它的轴会因摩擦而逐渐变细。同理，我的轴也会因摩擦而逐渐变细。这会导致我的旋转不如以前稳定，就像自行车的轮子，如果长时间不进行维护，轴承磨损后，人们骑行起来会感觉颠簸一样。

电子噪声。电子设备中，不可避免地会产生一些微小的电流波动，这些波动可能会被我误认为是角速度的变化。这就像在嘈杂的餐厅里，你会听到背景噪声，但这些噪声会干扰你听清你真正想要听到的声音。

为了减少漂移现象，工程师们会使用各种技术，比如温度补偿、机械调校和信号处理算法等，减少误差。就像人们用天气预报工具来预测天气变化，或者用润滑油来降低自行车轮子的摩擦一样，这些技术帮助你们更准确地使用我。

2.4.2 我的线性度

线性度描述了输出信号与实际角速度之间的直线关系有多好。如果线性度很高，输出信号就会与实际角速度的变化严格成比例，就像用一把精准无比的尺子测量物体的长度一样准确。

想象你有一把完美的尺子，当你用它来测量不同长度的物体时，读数与物体的实际长度完全一致。同样，一个高线性度的传感器，无论测量的旋转速度是快是慢，其输出信号都能完美对应实际的角速度。

如果尺子上的刻度不是完全均匀的，比如尺子中间部分稍微弯曲了，那么测量的结果就会出现误差。同样，如果我的线性度不高，在测量某些特定角速度时可能会给出不准确的读数。

为了提高尺子的准确性，可以用已知长度的标准物体来校准它。

同样，为了提高我的线性度，工程师们会通过校准流程来调整输出信号，以确保在各种速度下我都能提供准确的测量结果。

2.4.3 我与真值的差别

真值，或者说真实值，是指在理想条件下物体实际的角速度。而我的输出，则是根据测量到的信号所计算出的结果。我的输出值与真值之间的差值，就是人们所说的误差。

想象一下，如果你把我的输出值画在一张图上，而把真实值也画在同一张图上，两者之间的差距就是误差。理想情况下，这两条线应该是重合的，但实际上它们会有一定的偏差。

误差可以分为系统误差、随机误差、零偏误差等。系统误差是我固有的，可能与设计或制造有关；随机误差则是不可预测的，可能与电子噪声或环境变化有关；零偏误差是我在静止状态下也会产生一个非零的输出，可能与元件特性等有关。

如果误差很大，那么我的输出就会与真实值相差很远。这就像用一把不准确的尺子测量，可能会得到错误的结果。

为了减少误差，工程师们会采用各种校正方法。这就像是在测量前先检查尺子是否准确，或者在测量后对结果进行调整。校正可以是静态的，比如在我启动前进行一次校准；也可以是动态的，比如在我运行过程中不断调整我的输出以适应环境变化。

在某些应用中，一定程度的误差是可以接受的。比如，如果你只是用尺子来估计一下房间的大概尺寸，那么一点点误差可能并不重要。但在其他情况下，比如在进行精密手术时，误差必须被控制在极小的范围内。

第 3 章

我的家族成员

我，陀螺仪，这个自古以来就与平衡和方向感相关的神奇装置，家族史简直就是一部微型化的科技进化史。随着技术的更新迭代，我的家族成员已从最初的机械陀螺仪，一路发展到光学陀螺仪、谐振陀螺仪、微型机械（MEMS）陀螺仪，甚至到了原子陀螺仪，逐步实现了小型化、高精度化。想象一下，从最初的机械陀螺仪——需要物理旋转的大块头，到如今能在智能手机里找到的 MEMS 陀螺仪，这个变化是多么惊人。起初，机械陀螺仪是依靠真实的旋转盘来感受和保持方向的，就像孩子们玩的陀螺一样，只不过更大、更精密。然后，科技的进步催生了光学陀螺仪，它运用光的干涉来测量旋转，这就像是用光的"尺子"来度量运动，比机械陀螺仪更灵敏、更精确。接下来，谐振陀螺仪登场，它的原理有点像是音叉，通过振动来感知旋转，个头比以前的任何一种陀螺仪都要小，而且更加稳定。再往后，MEMS 陀螺仪诞生了，它属于微电子机械系统，小到可以在一粒米上跳舞，却能准确捕捉设备的每一个微小动作。最后，人们站在科技前沿，迎来了原子陀螺仪，它利用原子的量子特性来测量旋转，精度高到可以感知地球自转的影响。这就像是用原子的"心跳"来导航，精确度达到了前所未有的水平。

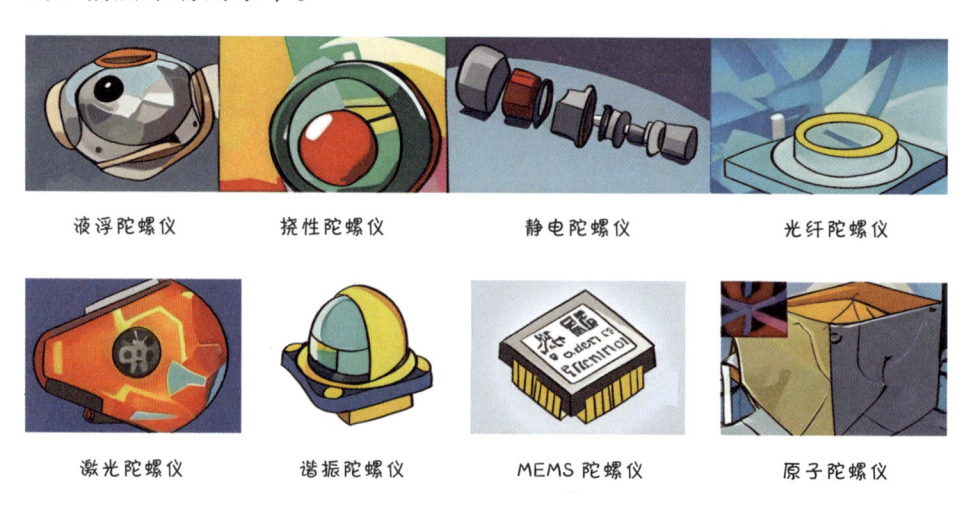

液浮陀螺仪　　挠性陀螺仪　　静电陀螺仪　　光纤陀螺仪

激光陀螺仪　　谐振陀螺仪　　MEMS 陀螺仪　　原子陀螺仪

总的来说，我的家族进化史就是一场从笨重到轻盈，从经典到原子的旅程。每一次技术的飞跃，都让我变得更小、更精确，也让我能够应用于人们日常生活中更多的高科技设备里。

3.1 机械陀螺仪：初代守护者

我叫机械陀螺仪，是陀螺仪队伍里的老大哥。我的特性来自高速旋转，1904 年，奥古斯特·弗普尔确定了我的基本结构，采用内外框架支承。

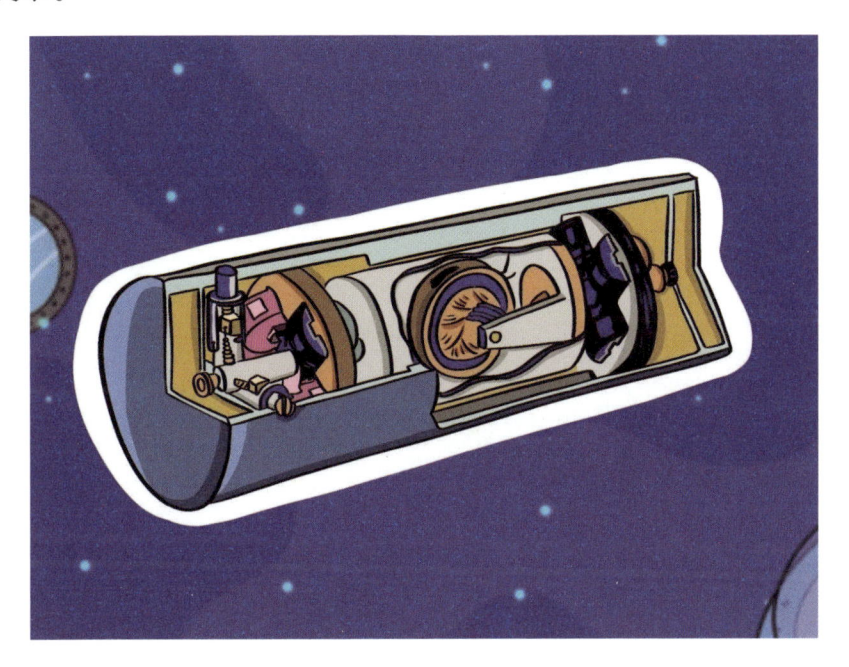

3.1.1 我的身体构造

▍我的心脏——高速转子

我的心脏是一个由金属或其他轻便材料精心打造的圆盘或长方体。这颗心脏超级强大，它能以非常快的速度旋转，每分钟可以转好几千甚至好几万圈！它永远不知疲倦，一直运转，给我提供了超强的稳定性。

当这颗心脏高速旋转时，它会积累巨大的角动量。这个巨大的角动量让我能够在各种复杂的环境中保持稳定，不容易被外界干扰。就像有一个看不见的魔法盾，保护我不受打扰，让我可以专心致志地工作。

▎我的骨架——内外框架

我有着一副特别的骨架,它由内外两个框架构成。内框架就像是我的胸腔,它小心地承载着我的脏器——那些精密的传感器和测量设备。而外框架,就像是我的肋骨和胸椎,为我的"胸腔"和"脏器"提供坚实的支撑和防护。

这两个框架之间,通过精巧的轴颈和轴承相互连接。就像是人体的关节,既灵活又稳固。这样的设计,使得内框架可以在外框架内自由转动,同时又能保持稳定,不会因为外界的晃动而影响内部设备的工作。

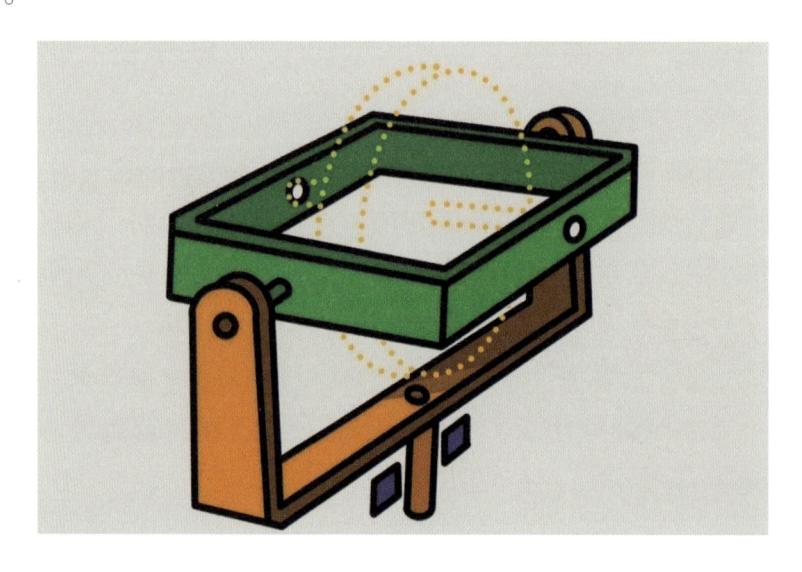

而外框架，则通过轴承与运动的物体，比如汽车、飞机或者船只等紧密相连。这样，无论这些物体如何移动，我的"骨架"都能紧紧地跟随着，确保我能够准确地捕捉到每一个细微的运动变化。

我的血管和神经——附件

我的附件包括电缆、管线、信号线和其他必要的连接组件，构成了我的能量和信息流通的路径。

电缆和管线如同我的血管，负责将电力和流体输送到各个工作部件，确保系统的正常运行。信号线则如同我的神经，将传感器检测到的外部环境变化和内部状态实时传输给控制系统，以便进行及时的响应和调整。

此外，附件还包括各种调节和控制元件，它们如同血液中的激素和酶，对系统的性能和效率起着调节作用。这些元件协同工作，优化我的运行状态，提高我的工作效率和响应速度。

在设计上，人们就像是在打造一个精密的机器身体，附件的布局和走线需要像规划城市的交通网络一样精心设计，以确保没有"交通堵塞"和"事故"，从而保障整个系统的顺畅运行和稳定性。这就好比人体的血液循环系统，需要血管合理分布和血流畅通，附件的设计也需要考虑空间布局的优化和提高抗干扰能力，以保持系统的高效和稳定。

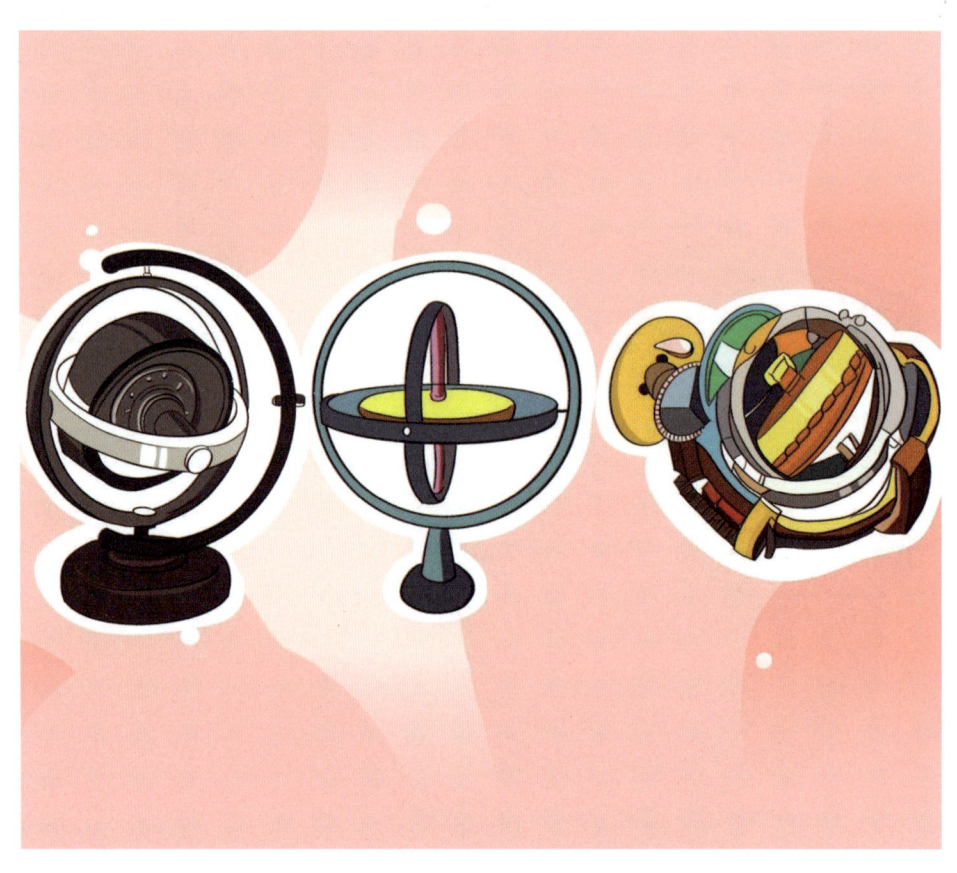

3.1 机械陀螺仪：初代守护者 | 39

现在，从这个精密的规划跳转到一个更具体的部分——支承系统。就像之前讨论的那样，附件的设计需要精心规划，而支承系统的选择同样重要。利用滚珠轴承支承是一种历史悠久、应用广泛的技术。这种轴承通过滚珠的直接接触来支承旋转部件，但这种方式的摩擦力较大，就像老旧的门铰链需要更多的力气才能打开。因此，如果使用滚珠轴承，那么我的精度不会特别高，漂移率可能达到几度每小时。这就像是指南针在没有校准的情况下，随着时间的推移会慢慢偏离正确的方向。

3.1.2 我的家族成员

液浮陀螺仪

我的这种结构，因为是机械式的，所以内外框架的轴承之间不可避免地存在摩擦问题。为了提升我的性能，科学家们尝试将内外框架浸入液体中，利用液体的浮力来减轻轴承的压力。这种设计称为液浮陀螺仪，也称为浮子陀螺仪。在这种设计中，内框架（内环）和转子被封装成一个密封的球形或圆柱形浮子组件。转子在浮子组件内部高速旋转，而浮子组件与外壳之间充满了浮液，这种液体不仅能提供浮力，还能产生必要的阻尼效果。当浮子组件所受浮力与重力相等时，这种陀螺仪称为全浮陀螺仪；而当浮子组件所受浮力小于重力时，则称为半浮陀螺仪。

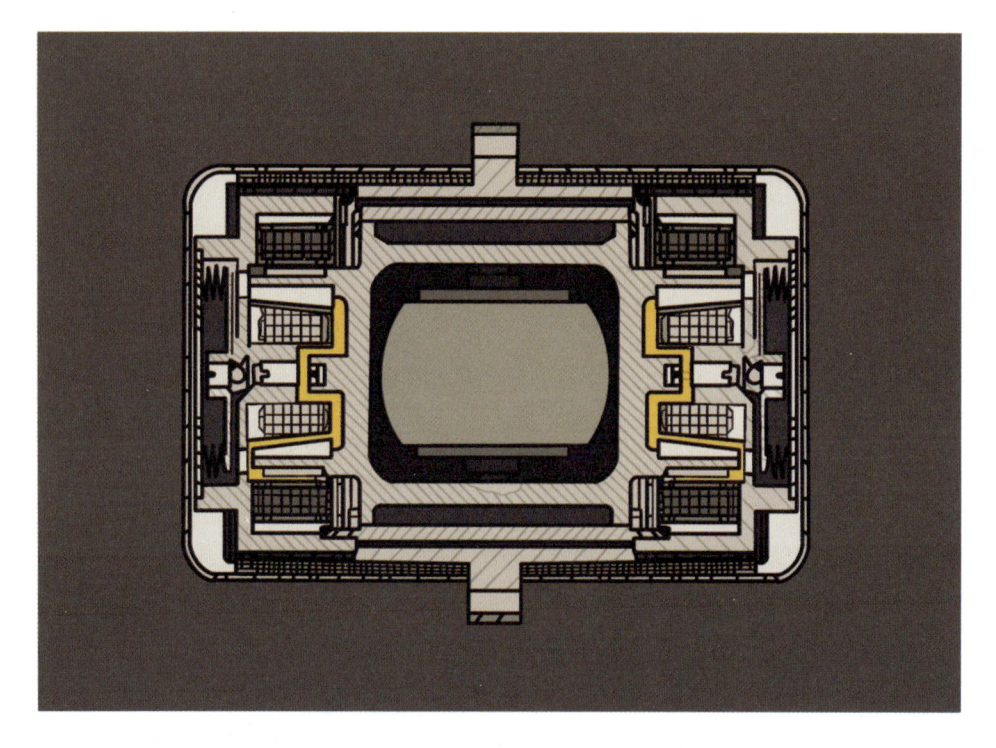

现在，来探讨一下什么样的液体能成为这种神奇的浮液。

首先，来做个小小的思考实验：水能行吗？汽油、柴油或者厨房里的食用油呢？

要成为一个好的浮液，需要满足几个条件。

1）**密度游戏**：浮液的密度要比转子的稍微大一些，这样才能像水让木勺浮起来一样，让转子在液体中稳稳地悬浮。

2）**化学和平**：浮液和转子的材料要能和睦相处，它们之间不能有化学反应。就像你的饮料不会溶解装它的塑料瓶一样。

3）**低摩擦特性**：优质的浮液应具备较低的摩擦系数，就如同给自行车链条涂抹润滑油一样，能够减少摩擦，使转子旋转得更为顺畅。

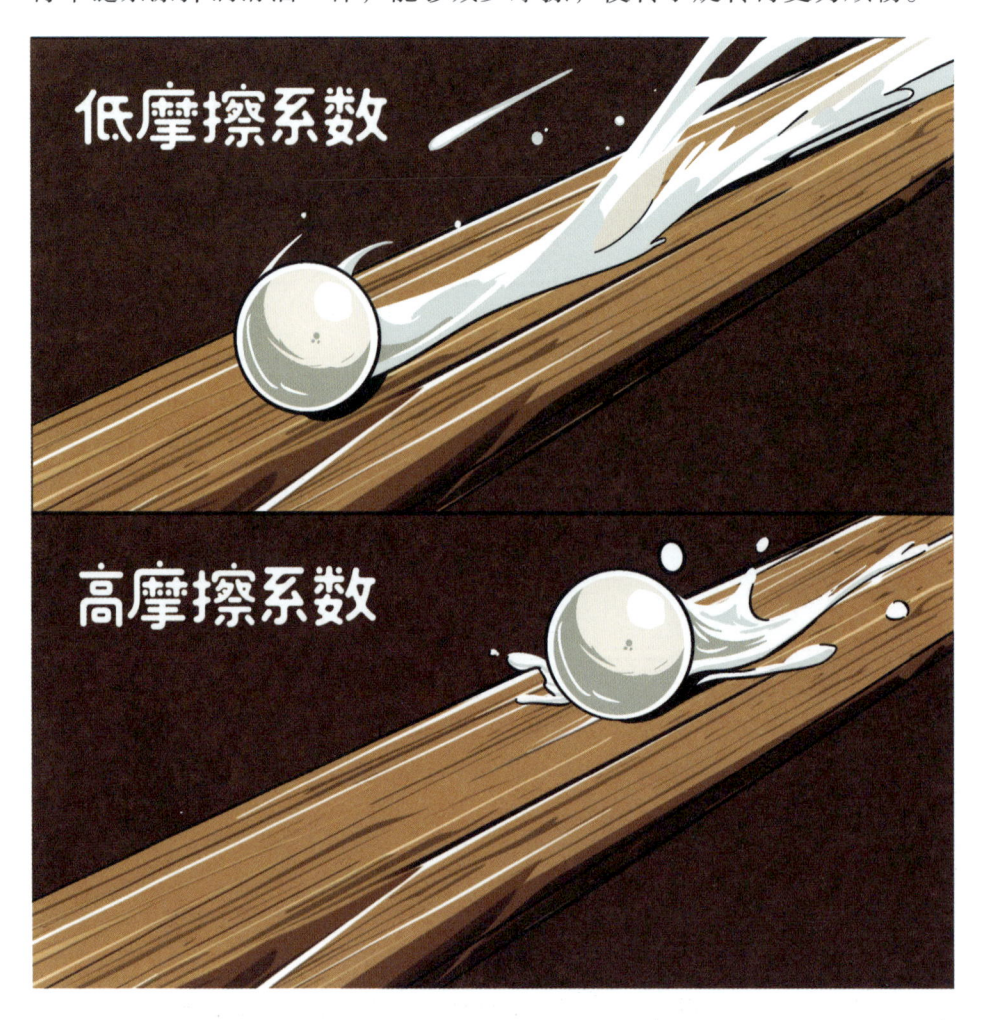

4）**稠度的平衡**：浮液的稠度要恰到好处，既不能太稠让转子转不动，也不能太稀让转子无法稳定悬浮。

科学家们经过一番探索，找到了几种特别适合作为浮液的材料——全氟碳油、氟溴油和氟氯油。这些材料就像是为转子定制的"悬浮魔法水"，让转子在高速旋转时也能保持稳定。

虽然浮力让转子几乎不碰到任何东西，从而减少了摩擦，但转子的位置控制还不够精确。就像你把乒乓球放在水面上，它可能会随水

波荡漾而漂来漂去。为了解决这个问题，科学家们使用了一种叫作磁悬浮的技术。这就像是给转子施加了一种看不见的魔法力量，让它能够稳稳地停在中心位置，即使有风吹草动，它也能迅速回到原来的位置。当我受到外部的干扰，比如不小心碰到了桌子，磁悬浮技术可以帮助我快速恢复平衡，就像一个优秀的体操运动员在失去平衡后迅速调整姿势一样。通过结合浮力和磁悬浮，我的转子不仅能够稳定地旋转，而且能精确地旋转。这就像是用激光瞄准目标，而不是用肉眼，大大提高了准确性。

随着我被使用得越来越多，许多工程师发现将我浮起的液体对温度变化比较敏感。而且随着时间的推移，使我漂浮的液体可能会因为温度变化、慢慢挥发、受到污染，甚至因为机械磨损和电磁干扰而变得不那么可靠，进而导致我的长期精度下降。

这就像是你心爱的自行车，如果不定期保养，它的链条就会生锈，轮胎也会慢慢漏气。

幸运的是，科学家们发现了一种新奇的技术——动压气浮。这次，他们用气体代替了液体。就像用充气减震袋包裹物体一样，动压气浮装置把转子包裹起来，让转子悬浮在装置的中间。气体有个特别厉害的地方，它对温度变化的适应性很强，而且能大大减少机械接触和磨损。

你可以想象一下,这就好像是给你的自行车换了一种超级厉害的轮胎。这种轮胎不仅不怕冷热变化,而且几乎不会磨损。有了它,你的自行车就能更迅速、更精准地响应每一次转弯和加速,就像有了魔法一样!

不过,动压气浮装置也有一个让人头疼的问题——它可能会漏气。就像充气减震袋破了一个小洞,里面的气体就会跑出来一样,如果动压气浮装置漏气,包裹转子的气体就会消失,转子就会"掉下来",这样我就无法正常工作啦。

为了解决这个问题，科学家们又想出了一个聪明的办法——用磁场来"托住"转子，让它悬浮在空中。这样无论有没有气体，转子都能稳稳地待在该待的地方，继续工作。如此一来，我就不用担心漏气的问题啦！

现在基于"悬浮"技术的高精度单自由度陀螺仪，常常结合了液浮、动压气浮和磁浮三种技术。这种"三浮"陀螺仪就像一个超级稳定的平衡大师，精度更高，漂移率极低，只有 0.001 度每小时。换句话说，它能在很长时间内保持非常稳定的测量精度。不过，这种陀螺仪的制造过程就像制作一件精美的艺术品，需要极高的加工精度、严格的装配工艺，以及精确的温度控制。这些要求使得制作成本相对较高，但为了获得更高的精度，这些投入是值得的。

挠性陀螺仪

我——挠性陀螺仪的核心在于独特的弹性支承装置和动力调谐机制。我的基本原理可以简述为，将转子安装在由内挠性杆和外挠性杆构成的弹性支承系统上，通过驱动电机使转子高速旋转。在旋转过程中，转子会产生一个指向其旋转轴方向的陀螺力矩，这是角动量守恒的表现。当外部力量试图改变转子的旋转轴方向时，陀螺力矩会抵抗这种改变，以维持转子的稳定性。

然而，由于挠性杆的存在，转子在受到外部扰动时会产生微小的弹性形变。为了消除这种形变对测量精度产生的影响，引入了动力调谐机制成为动力调谐挠性陀螺仪。具体来说，就是通过平衡环的扭摆运动所产生的动力反作用力矩（即陀螺力矩）来平衡挠性杆支承所产生的弹性力矩，使转子能够在无约束的状态下自由旋转，从而达到高精度的测量效果。

动力调谐挠性陀螺仪结构复杂而精巧，主要包括内挠性杆、外挠性杆、平衡环、转子、驱动轴和电机等关键部件。

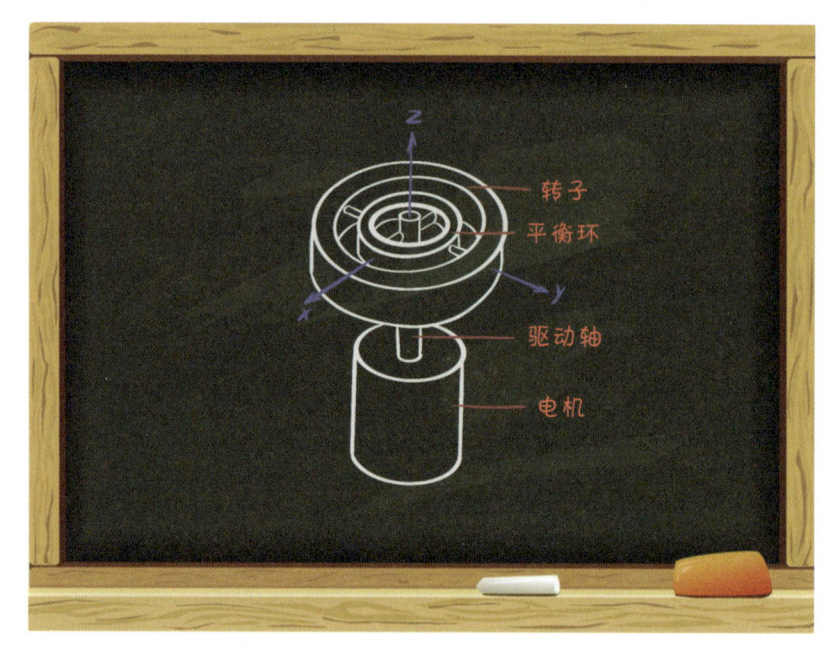

内挠性杆和外挠性杆是构成挠性支承系统的核心部件。它们通常由高强度、高弹性的材料制成，如精密合金或复合材料。内挠性杆直接连接转子，外挠性杆则与基座或外壳相连。当转子受到外部扰动时，内挠性杆和外挠性杆会发生微小的弹性形变，从而吸收和分散冲击力，保护转子免受损伤。平衡环是动力调谐机制的关键部件，位于转子周围，通过精密的机构与转子相连。当转子发生微小偏移时，平衡环会感知这种变化并产生相应的扭摆运动。扭摆运动产生的动力反作用力矩会作用于挠性杆上，与弹性力矩相平衡，使转子恢复到稳定状态。动力调谐性陀螺仪的转子通常由高密度、低膨胀系数的材料制成，如金属合金或陶瓷材料。转子通过驱动轴与电机相连,在电机的驱动下高速旋转。转子的旋转稳定性直接影响动力调谐挠性陀螺仪的测量精度和性能表现。驱动轴是连接转子和电机的关键部件,它负责将电机的动力传递给转子,使其能高速旋转。电机则是提供动力的源泉,通常采用无刷直流电机或步进电机等高精度电机类型。电机的稳定性和精度直接影响转子的旋转性能和动力调谐挠性陀螺仪的整体性能。

总的来说,我——挠性陀螺仪是 20 世纪 60 年代迅速发展起来的惯性元件,因结构简单、精度高、成本低,在飞机和导弹上得到了广泛应用。

静电陀螺仪

在传统设计中，轴承摩擦和扭杆弹性约束一直是制约陀螺仪精度提升的关键因素。为了彻底消除这些不利因素，科学家们将目光投向了无接触支承这一前沿领域。于是，我——静电陀螺仪在这一背景下应运而生。科学家们巧妙地将我的转子设计为金属球形薄壁壳体，并利用静电引力这一自然现象，实现了转子在超高真空环境中的悬浮旋转。这种无接触支承方式，不仅彻底消除了机械摩擦带来的误差，还极大地提高了我的稳定性，延长了我的寿命。

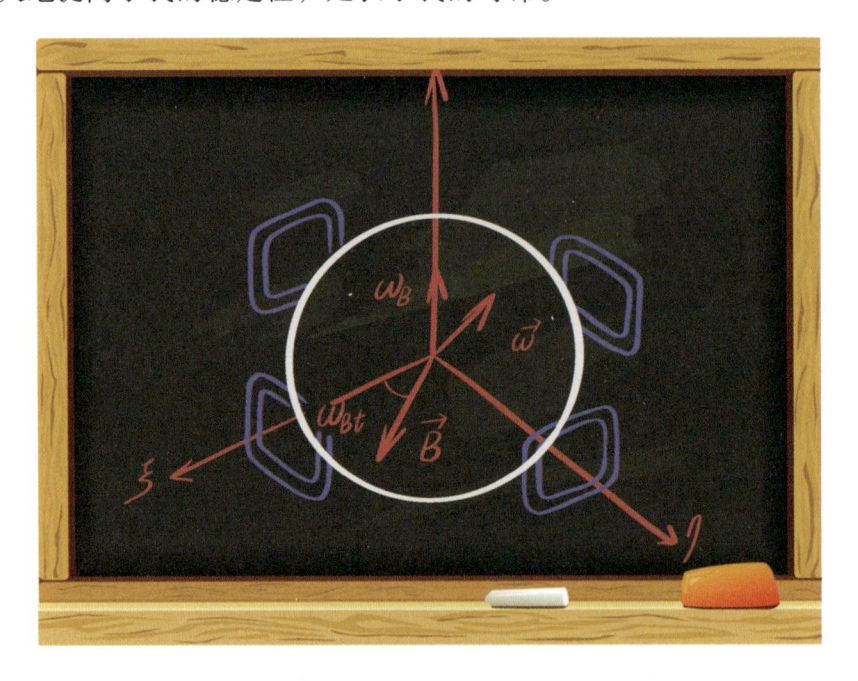

静电悬浮技术是我的核心所在。在我那金属球形空心转子的周围，均匀分布着高压电极。当高压电极带电时，就会形成强大的静电场，静电场会对转子产生吸力，使转子悬浮在中心位置并保持高速旋转。值得注意的是，静电场仅有吸力而无推力，因此转子离电极越近，所受的吸力就越大，这在一定程度上增加了对转子稳定性控制的难度。然而，正是这一挑战激发了工程师们的创新灵感，他们通过设计精巧的支承电路和控制系统，不断调整转子所受的静电力，使其始终保持在中心位置附近，从而实现了无接触支承的理想状态。

3.1 机械陀螺仪：初代守护者 | 49

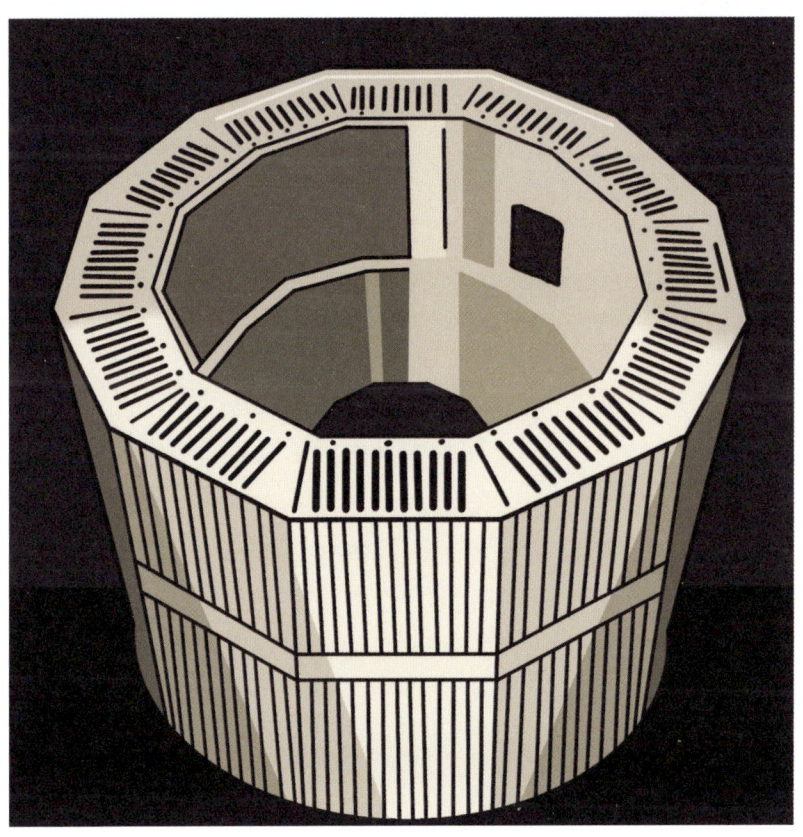

采用球形支承方式赋予了转子极高的自由度。与传统的陀螺仪相比，我的转子不仅能绕旋转轴旋转，还能绕垂直于旋转轴的任意方向自由转动。这种自由转子的特性让我在测量多维角速度时具有得天独厚的优势。此外，球形支承还能让转子在受到外部扰动时迅速恢复稳定状态，进一步提高了我的抗干扰能力和测量精度。我以其卓越的性能在高精度导航与惯性测量领域独树一帜。无接触支承方式消除了机械摩擦带来的误差源，使我的漂移率极低，达到了惊人的 10^{-10} 度每小时。然而，我也存在缺点，我不能承受较大的冲击和振动，而且我的结构和制造工艺复杂，成本较高。

3.2 光学陀螺仪：光速导航者

光学陀螺仪，作为通过操纵光的特性实现角速度测量的精密仪器，是现代导航技术中的一颗璀璨明珠。我是光学陀螺仪，具有独特的工作原理和卓越的性能，为导航和姿态控制领域带来了革命性的变革。与之前说的那些老式的机械陀螺仪不一样，我是用萨尼亚克效应工作的。通过测量光程差，我能精确感知旋转角速度的变化。由于我没有旋转部件和摩擦部件，是全固态结构的，具有更长的寿命和更高的可靠性。目前，光纤陀螺仪和激光陀螺仪是我主要的两种形式，它们也是应用较成熟、广泛的两类光学陀螺仪。

3.2.1 光纤陀螺仪

我是光纤陀螺仪，我的内部有一个由特殊光纤绕制成的光纤环。这种特殊光纤能够保持光的传播方向不变，称为"保偏光纤"。相信大家对光纤不陌生吧？家庭宽带使用的就是光纤。光纤的应用十分广泛，除用于通信外，还能用于制作激光器。2023年，中国科学家利用光纤实现了量子密钥分发、量子通信。而在我这里，光纤被用作传感器，为人们的生活保驾护航。

保偏光纤构成了一个闭合的光路，就像它的名字一样，它的特殊之处在于能够保持光的偏振状态，也就是光波振动的方向，让光在光纤中传播时，振动方向不会发生改变。当我开始旋转，光纤环中正反方向传输的光波会经历一个微小的光程差，这是由于旋转的惯性效应使光波在相反方向上的传播路径发生了变化。这个光程差会导致两束光在回到起始点时产生相位差，而这个相位差与我的旋转角速度成正比。

为了检测这一相位差，我的内部还配备了精密的检测系统。光波通过光纤环后，会被引导至检测器。探测器会测量两束光之间的相位差，并将其转换为电信号。接下来，信号处理器会对这个电信号进行放大、滤波和计算，最终得到运动物体的旋转角速度。

根据不同的工作原理和结构特点，我可以分为以下几类。

1）干涉型光纤陀螺仪（IFOG，interferometric fiber optical gyroscope）：IFOG利用干涉仪检测光信号的相位差，并通过计算得到旋转角速度。由于具有高精度、高可靠性和快速响应的特点，IFOG在海陆空天等领域得到了广泛应用，是目前应用最广泛的一种类型。

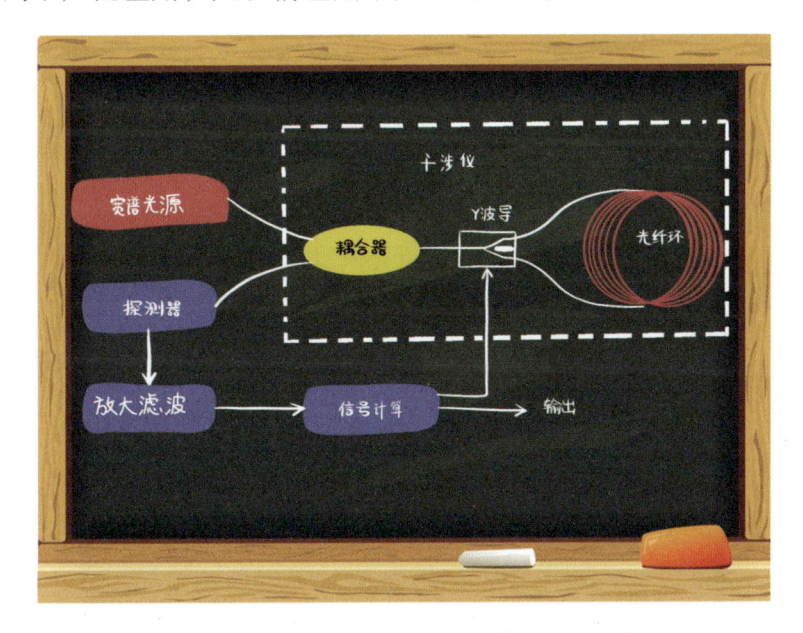

2）谐振式光纤陀螺仪（RFOG，resonant fiber optical gyroscope）：RFOG利用环形谐振腔增强萨尼亚克效应，从而提高测量精度。然而，由于需要强相干光源和复杂的解调技术，RFOG的技术难度较大，成

本也相对较高。尽管如此，RFOG 仍具有潜在的优势，如更高的灵敏度和更低的噪声水平。

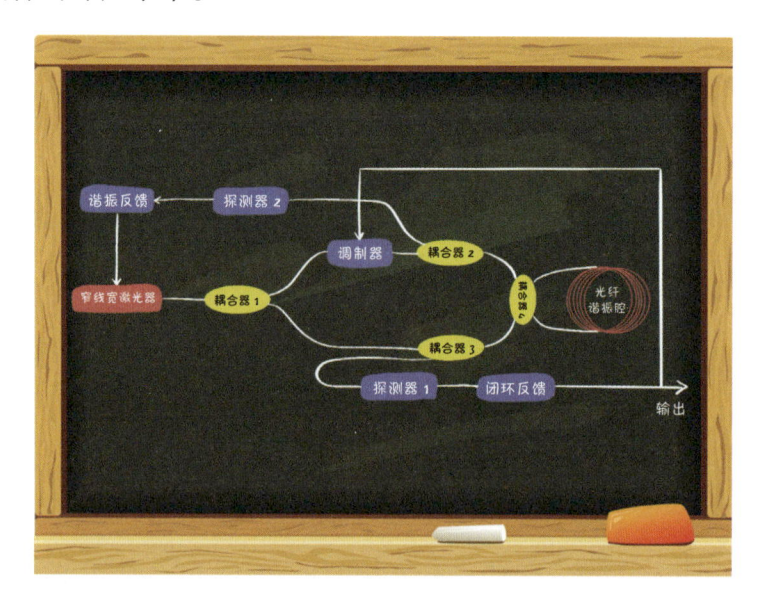

3）受激布里渊散射光纤陀螺仪（BFOG，stimulated brillouin scattering fiber optical gyroscope）：BFOG 利用受激布里渊散射效应实现角速度测量，具有较高的灵敏度和精度，但同样面临技术难度大、成本高等问题。目前，BFOG 仍处于研究和开发阶段，未来有望进一步提高性能和降低成本。

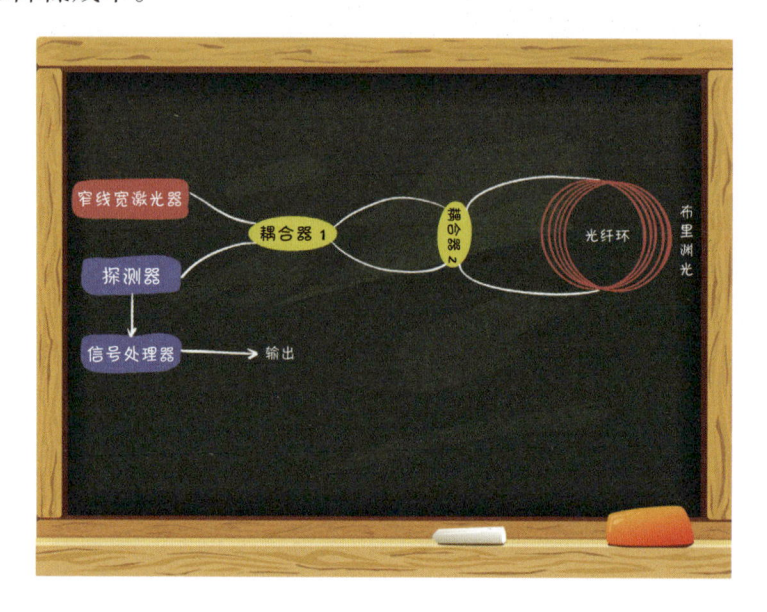

我的组成相对简单，主要包括 5 大部件，每个部件都发挥着至关重要的作用。

1）光源：光源可是一个超级重要的角色，是我的能量来源。实际应用中，光源通常采用半导体激光器（窄谱光源）或自发辐射光源（ASE，宽谱光源），主要负责产生稳定且高质量的光信号。这个光信号是我工作的基础。想象一下，我是一个超级敏感的旋转小侦探，能感受到极其细微的转动信号，因此光源的稳定性和质量对我的性能有着重要影响。在测量过程中，除有用的信号外，还会有许多噪声干扰测量结果。为应对这一问题，通常会采用宽谱光源。宽谱光源的特别之处在于，它可以帮助减少这些噪声，让我的测量结果更准确。就像听音乐时，如果音乐里有杂音，人们就听不清楚，但如果用一个好的音响，杂音就会减少，人们就能听得更清楚啦。

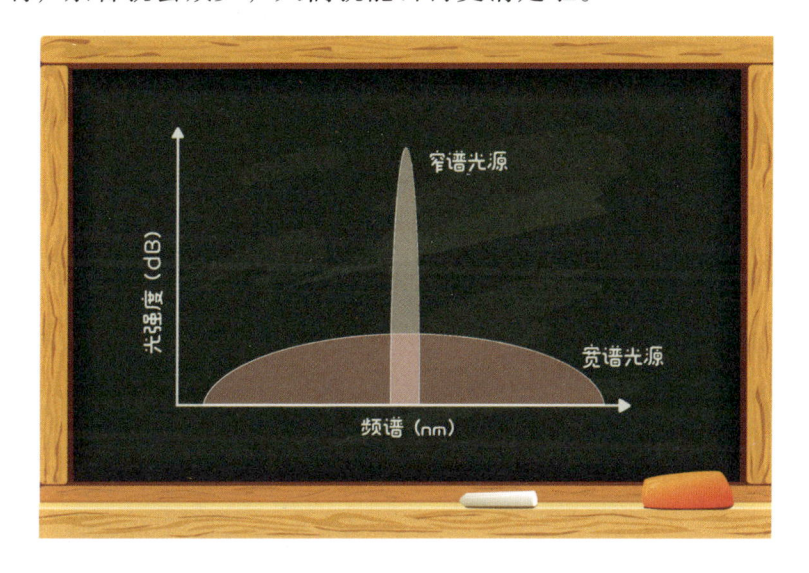

2）光纤环：光纤环是由一种细长且透明的材料绕成的。这种材料有个好听的名字叫光纤。光纤，这个名字听起来就像是光的丝线，但实际上它是现代通信技术中的一大奇迹。想象一下，一束光在一根细长的玻璃或塑料管中穿行，这根管子就是光纤。光纤通常只有头发丝那么细，但它却能承载海量的信息。光纤由三部分组成：纤芯、包层和涂覆层。纤芯是光传输的通道，负责引导光信号沿光纤传播；包层围绕纤芯，通过折射率差异将光信号限制在纤芯内，确保光信号沿光纤传播时不会泄漏；涂覆层则起到保护作用，防止光纤受到外界物理损伤和环境影响。光纤的工作原理其实很简单，就是利用了光的全反射的原理。当光从纤芯的一侧射入，由于纤芯和包层的折射率不同，光会在纤芯和包层的交界处发生全反射，就像在镜子上反射一样，这样光就能在光纤中不断反射前进，不会泄漏。此外，光纤还具有抗电磁干扰的能力，这意味着它可以在电磁环境复杂的地方使用。光纤的制造过程颇具技术含量。首先，制造光纤的原材料需要经过精确配比和熔炼，然后通过一台叫作"拉丝塔"的设备，将熔融的玻璃或塑料拉成细长的纤维。在这个过程中，需要严格控制光纤的直径和折射率，以确保其性能。

这些光纤被绕成环。不过光纤环的绕制方式非常特别，需要用专门的机器和工艺来确保光纤能够按照特定的方式绕环，不会互相挤压，也不会留有空隙。光纤环里面的光纤长度可以从几十米到几十千米不等，而环的直径从几毫米到几米都有可能，我听说最大的光纤环直径有 2 米呢！大部分的光纤环是圆形的，但是也有少数是椭圆形或是其他形状的。

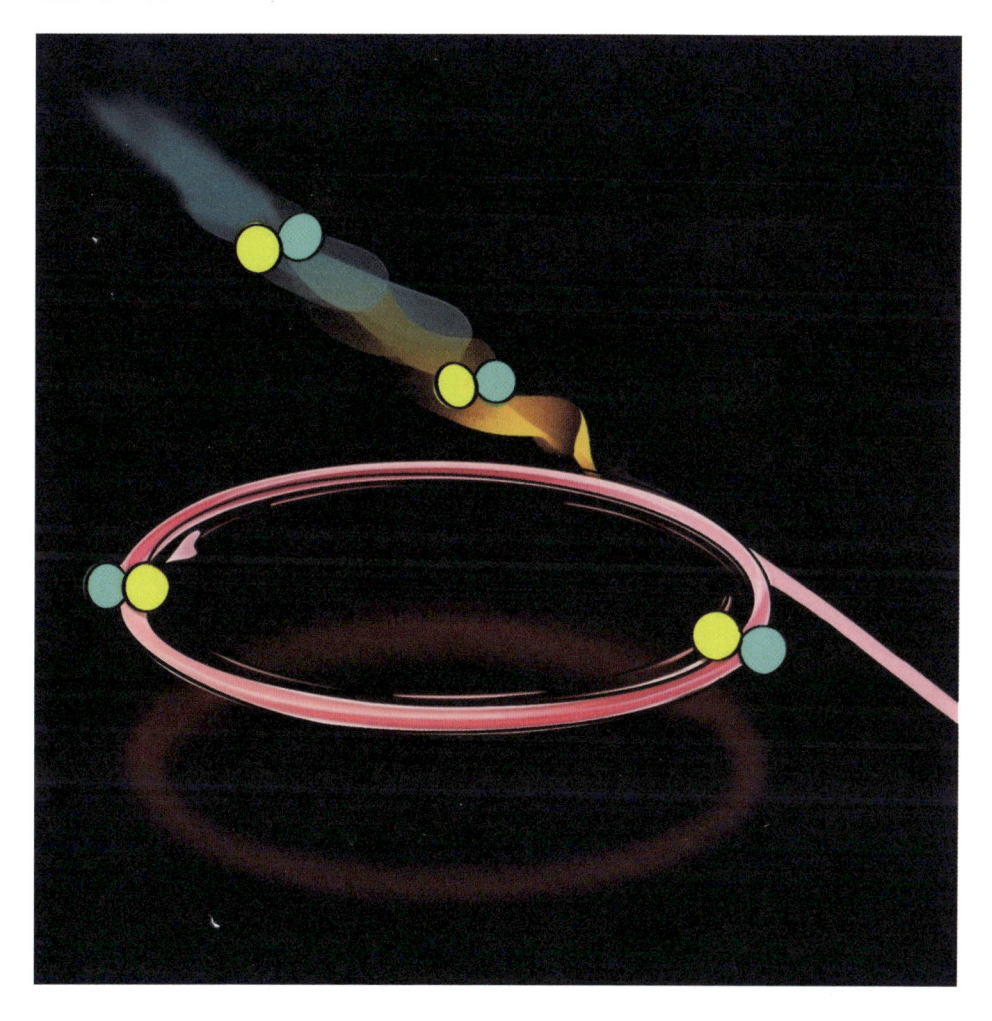

那么光纤环在陀螺仪中起什么作用呢？想象一下，我开始工作时，一束光会被送到光纤环里面，之后光子们会兵分两路在光纤环里面沿顺时针和逆时针不停地转圈。当我感受到物体转动时，光纤环里面顺时针和逆时针旋转的光子们会产生光程差，而这个光程差和物体旋转的角度有神秘的对应关系，因此我就能够检测出物体的旋转角度。可以说光纤环是我的核心部件，没有光纤环我可是不能工作的哦。要想测得更精确，光纤要很长，但也不是越长就越好。

想象一下，光纤环如同一条长长的光之路，光信号就是在路上奔跑的小车，它们可以跑得又快又远。但实际上，光纤环的长度会受到一些现实的限制。

首先，虽然光纤环的损耗很低，但如果光信号传输得太远，就像车辆长途行驶，即使性能再优也会逐渐耗油，光信号也会变得越来越弱。

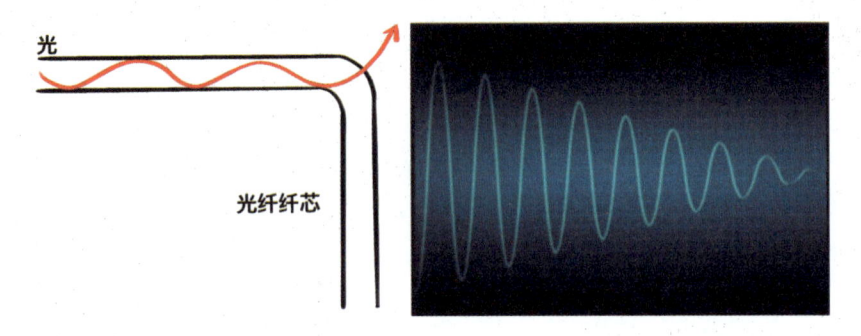

其次，在制造和成本方面，光纤环就像一条精心制造的高速公路，越长成本越高，制造起来也越复杂。这就需要在成本和性能之间找到一个平衡点。随着光纤环长度的增加，系统的复杂性也会增加，这就像一幅越来越大的拼图，需要投入更多的时间及运用更专业知识来完成。但是不必担心，随着技术的进步和工具的改进，人们总能找到更有效的方法来应对这些挑战。

3）调制器：调制器像是光信号的"魔法开关"，能让光信号的强弱和频率按照要求变化，同时还可以消除干扰信号，让测量结果更加准确。调制器通常与光源和光纤环连在一起，当光源发出光信号，调制器会对这个光信号进行处理（通常采用电-光转换技术，对光信号进行电光调制，把电信号的信息加载到光信号上），然后使处理后的光信号进入光纤环"跑圈"。调制器的性能直接影响光信号的稳定性和可靠性。

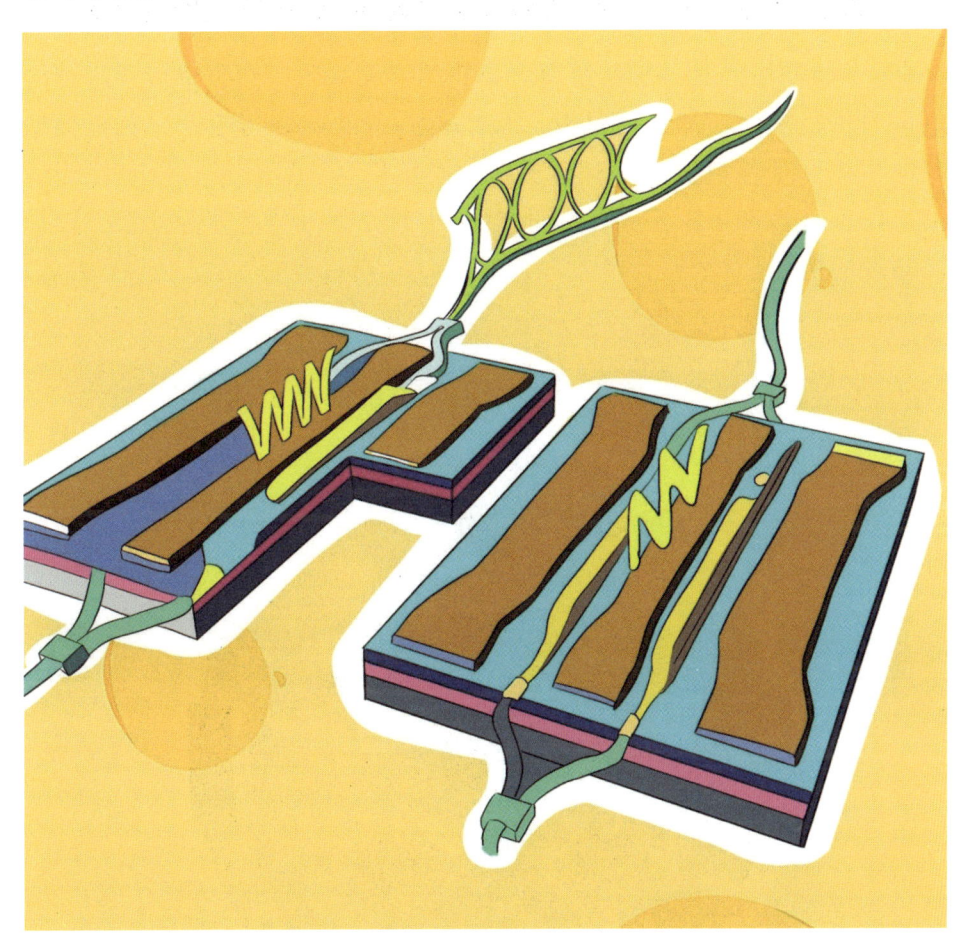

4）探测器：探测器就像一只"眼睛"，能够看到并捕捉光纤环里面旋转的光信号，还能把光信号转换成电信号，转换后的电信号再被我的其他部件处理和分析，就能检测出物体转动的角度啦。没有探测器，我就无法感知光信号的变化，也就无法测量物体的旋转情况了。

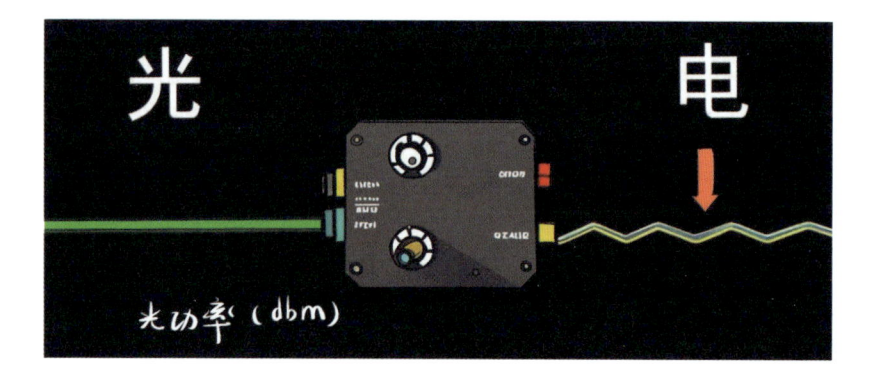

5）信号处理器：信号处理器是我的"大脑"，它负责对检测到的电信号进行放大、滤波和计算，最终得到我的旋转角速度。它会根据我的工作原理预设参数，对解析出的旋转信息进行计算，以确保测量结果的准确性和可靠性，同时还能对可能出现的误差进行校正，以提高测量的精度。

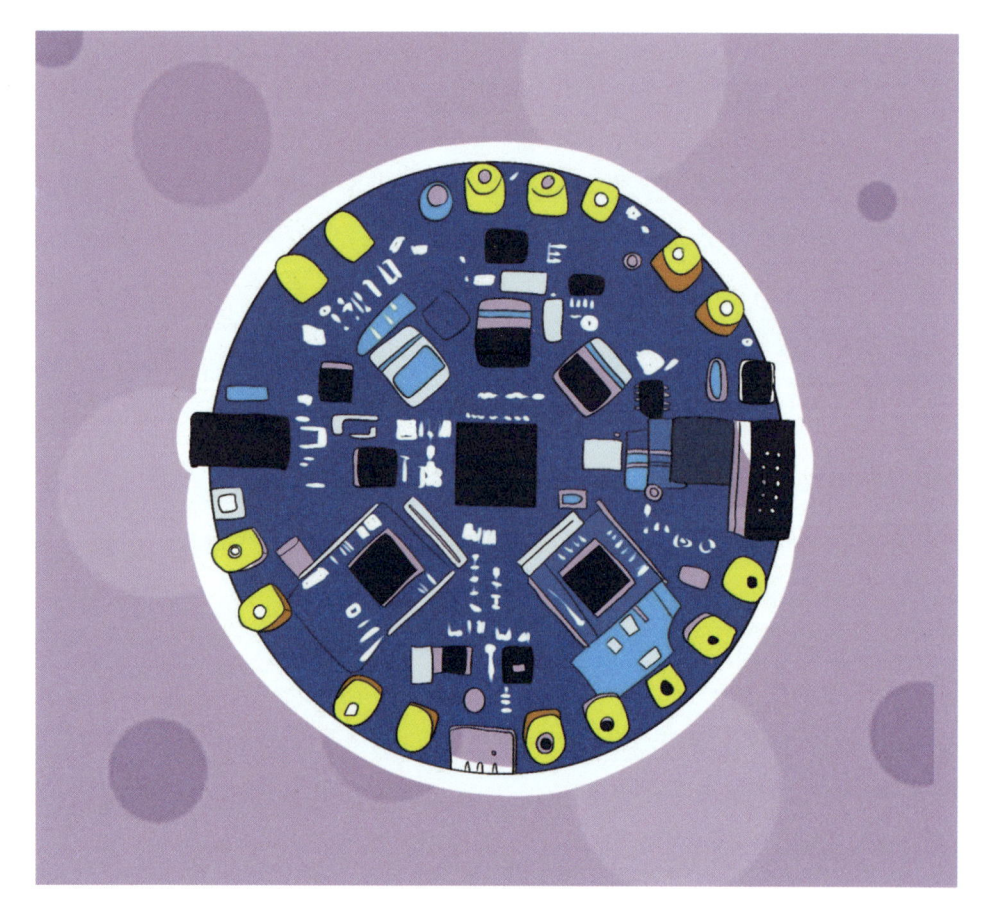

3.2.2 激光陀螺仪

嗨，我是激光陀螺仪，同光纤陀螺仪相比，我是利用激光来测量旋转角速度的。我也是基于光的干涉和萨尼亚克效应工作的。简单来说，当我发生旋转时，内部的两束激光（一束顺时针传播，一束逆时针传播）会因为旋转而产生光程差，进而产生干涉现象。通过检测干涉条纹的变化，就可以精确地计算出物体的旋转角速度。

具体来说，我的内部有一个由氦氖激光器产生的激光束，这束激光经过分光镜被分为两束，分别沿顺时针和逆时针方向在闭合的光路中传播。当我没有发生旋转时，两束激光的光程相等，它们在回到分光镜时不会产生干涉现象；而当我发生旋转时，由于萨尼亚克效应，两束激光的光程会产生微小的差异，进而在分光镜处产生干涉条纹。

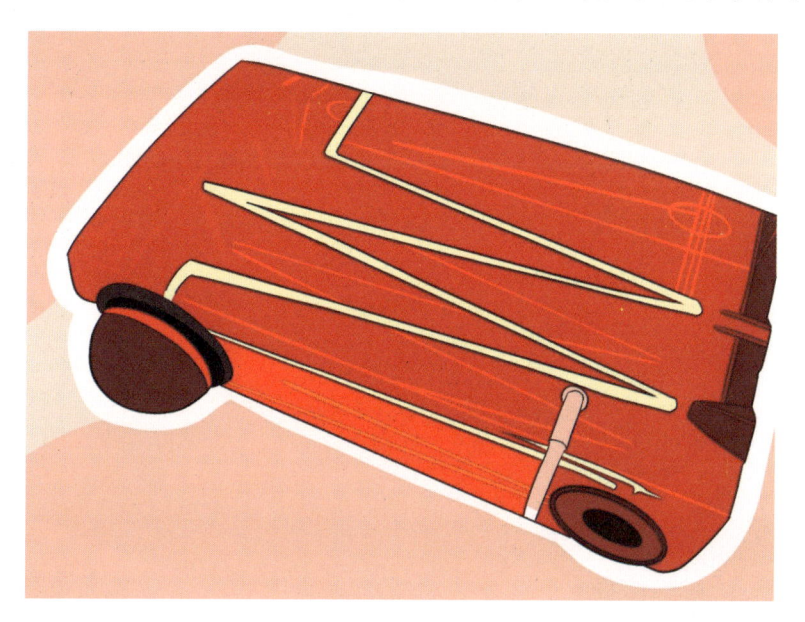

我由光源、干涉仪、探测器及信号处理器等组成。其中，光源宛若我的心脏。通常，我使用氦氖激光器作为光源，其内部充满了氦氖气体。当我的心脏被电或光刺激时，它就会发出一束激光。这束激光因具有很好的单色性和方向性而非常适合我。我的心脏能够迅速启动，产生稳定的激光束，使我能够快速进入工作状态，进而提高我的响应速度。

在我的身体里，反射镜和分光镜是关键的光学组件，它们共同构成了我的核心部件——干涉仪。干涉仪就像是我的神经系统，用于检测两束激光的干涉条纹。分光镜将激光分成两束，让它们沿相反的方向传播，而反射镜则被巧妙地放置，让这两束光能够在闭合的光路中传播。当两束光再次相遇时，会产生干涉条纹。这些条纹的变化与我的旋转角速度密切相关。通过精确测量这些条纹的变化，我可以准确地计算出旋转角度和角速度。

这些反射镜和分光镜都是用高反射率和低吸收率的材料制成的，确保了激光在传播过程中的稳定性和准确性。

当然，我还有探测器，它就像是我的感官。探测器负责捕捉光信号，并将其转换为电信号。通常，我的探测器是由光电二极管等光电器件制成的，非常灵敏，响应速度快。

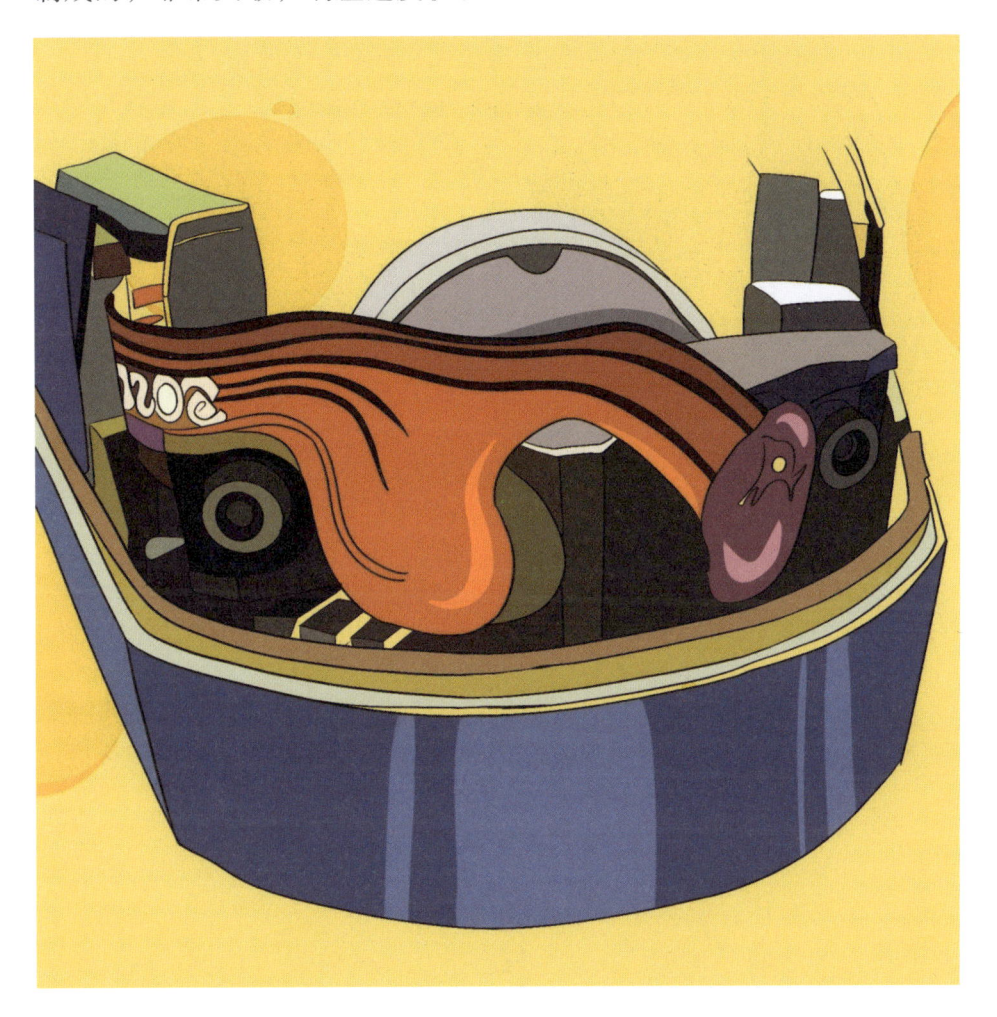

最后，是我的信号处理器，它是我的大脑，负责接收探测器的电信号并进行处理和分析。它能够识别电信号中的有用信息，并计算出我的旋转角度。我的信号处理器采用高速数字信号处理器（DSP）或现场可编程门阵列（FPGA）等高性能计算设备制成，能够快速响应，在短时间内完成信号的处理和计算。

除了这些主要组成部分，我还有一些辅助部件，比如电源和温控系统。这些辅助部件为我的正常运行提供了必要的保障。

刚刚提到的反射镜组成了我的谐振腔，它可以是三角形的，也可以是四边形的。这样的设计有很多好处：首先，三角形或四边形的结构既简单又对称，就像是精心设计的芭蕾舞舞台，为光的"舞蹈"提供了稳定的基础；其次，在这个舞台上，光的路径可以被精确控制，就像是精心编排的舞蹈动作，有助于形成稳定的激光模式，提高我的测量精度；再者，规则的三角形或四边形结构相对容易制造，利用现有的光学加工技术，可以精确地打造出我需要的形状。

要说它们有什么区别，你可以把它们想象成两个不同的舞台，光束在舞台上跳舞。想象一下，三角形的舞台有三个角落和三条边，这就是三角形谐振器的样子。在这个舞台上，光束跳着优雅的舞蹈，沿着三角形的边缘反射，最终回到起点。因为舞台是三角形的，所以光束的路径非常规律，这使得舞蹈（也就是光的传播）非常稳定。但是，有时候舞台上可能会有几个舞者（不同的激光模式）同时跳着不同的舞蹈，这可能会让场面变得有点混乱。现在，转到四边形的舞台上。这个舞台有四个角落和四条边，形状可以是正方形、长方形，甚至是不规则的四边形。四边形谐振器提供了更多的空间和可能性，让光束可以跳出更多样化的舞蹈。调整舞台的大小和形状，可以让光束跳得更优雅，更符合人们的需要。但是，舞台管理起来可能会很复杂，因为需要确保所有的舞者能和谐地共舞，不互相干扰。

在我的世界里，三角形和四边形谐振器就像是两种不同的舞台设计，它们有各自的优点。三角形谐振器简单、稳定，适合那些需要快速、经济解决方案的场合。而四边形谐振器则提供了更多的灵活性和优化空间，适合那些追求高性能和高精度的应用。无论是三角形还是四边形谐振器，这些舞台都是为了让光束跳得更好，更准确地告诉我这个世界是如何旋转的。下次当你看到高科技设备在进行精确导航时，不妨想想，这些光束的"舞蹈"可能正是在背后帮助我理解方向和速度的关键。

总的来说，我是一个由多个精密部件组成的高科技设备，能够精确测量旋转角速度。虽然我看起来很小，但我的能力可不小。下次当你看到飞机、船只或者卫星在某个确定的位置或者呈现某个特定的姿态时，可能就是我在背后默默工作哦！

3.3 半球谐振陀螺仪：精准舞者

1890 年，英国物理学家乔治·布赖恩通过撞击一个玻璃球，对玻璃球绕其杆旋转时的音调表现有了有趣的发现。他观察到："……如果我们选择一个高脚杯，在正常情况下，当它被敲击时，会发出纯净而连续的音调；而当它旋转时，我们将听到富有节奏感的音调。"这使他得出结论，弯曲的半球可以用来测量旋转。

布赖恩的发现揭示了一个有趣的现象：当一个像高脚杯这样的振动物体旋转起来时，由于科氏力的神秘力量，它内部的振动模式会发生变化。这种变化使得高脚杯壁上的弹性波动（就像水面上的波纹一样）不仅相对于高脚杯本身运动，而且相对于周围的空间运动。简而言之，旋转物体中的弹性波动会像旋转的陀螺一样，呈现一种特殊的运动特性，这就是振动陀螺仪工作的基本原理。在所有这类振动陀螺仪中，半球谐振陀螺仪以其极高的精度和卓越的性能脱颖而出。

3.3.1 我的身体结构

我是半球谐振陀螺仪，由半球谐振子和基座电极组成，按电极结构不同，主要有球面电极结构半球谐振陀螺仪和平面电极结构半球谐振陀螺仪。

想象一下，如果把传统的机械陀螺仪角速度传感器比作一个忙碌运转的旋转木马——里面有一个飞快旋转的"转子"作为核心部件，那么我就像是一个优雅的舞者，在舞台上轻盈地摆动，而不需要任何高速旋转的部分。我的特别之处在于，摒弃了复杂且容易出故障的高速转子设计，转而采用一种更为简洁、稳固的结构。这种设计不仅让我的构造看起来更加简洁明了，更重要的是，它大大提高了可靠性，就像是舞者经过无数次练习后，动作变得更加稳定可靠一样。由于没有了复杂的高速转子，我的生产过程也变得相对简单，更适合进行大规模、低成本的制造。这就像制作一个简单的装饰品，比起制作一个复杂的机械装置，当然要容易和便宜得多。而且，这种简单的结构还带来了另一个好处：敏感元件的设计变得容易了。敏感元件就像是陀螺仪的"眼睛"，能够感知微小的角速度变化。而我的这双"眼睛"因为结构的简化，变得更加敏锐和精确。更令人惊喜的是，我的性能并不受尺寸的限制。也就是说，无论我是大还是小，我的精度都可以保持在很高的水平。这种特性使得我能够满足从高精度到中等精度的各种需求，非常适合进行标准化、批量化的生产。所以，我就像是科技界的一个新星，用简洁而高效的设计，为人们提供了更加可靠、低成本且高精度的角速度传感器解决方案。

3.3.2 我的独有属性

火箭弹和潜艇虽然在设计和用途上差异巨大，但它们对任务持久性和自主性的追求体现了其对长航时的需求。对火箭弹而言，长航时意味着能够实现更远距离的打击或更复杂的飞行任务。而对潜艇而言，尤其是战略导弹核潜艇，长航时则是其隐蔽性和威慑力的关键。核潜艇能够在水下潜行数月甚至数周，无须频繁上浮。高精度的导航系统不仅能确保火箭弹在长时间飞行后仍能精准命中目标，也能保证潜艇在长时间运行后不迷失方向。

火箭弹： 为了确保火箭弹在使用过程中能够准确导航和精确对准，出厂前需要对陀螺仪的一些基本特性进行校准，比如它的初始位置（可以想象成陀螺仪的"起点"）和测量的精确度（就像是测量工具的"刻度"）。由于陀螺仪会受到各种内外因素的影响，它的这些基本特性会随时间慢慢改变。对需要非常精确导航的火箭弹来说，这些基本特性需要定期重新校准，以保持导航系统的准确性。

潜艇： 由于水下没有卫星等其他方式对惯性导航系统进行校准，潜艇航行一段时间后需要从水底浮到水面进行校准，而这样的操作容易暴露行踪。为了保证潜艇长达几十天甚至上百天的潜伏周期，提高军事威慑力，陀螺仪必须具备自校准能力。

任何仪器都有测量误差，陀螺仪的测量误差在长时间累积后，会导致其精度发散，影响系统定位精度，这是机械陀螺仪和光学陀螺仪在长航时所面临的最大挑战。与其他陀螺仪不同，我具有独特的自补偿和自校准特性。对传统陀螺仪进行标定时，往往需要从火箭弹或潜艇上拆卸下来，并进行复杂的外部校准。这一过程不仅耗时耗力，还可能因操作不当引入新的误差。对火箭弹而言，频繁的拆卸标定会影响其快速部署的能力；而对需要长期潜伏的潜艇而言，拆卸标定更是难以实现。我无须拆卸，即可通过自校准功能对测量误差进行实时补偿和标定，完美实现火箭弹的免拆标定，以及解决潜艇长期潜伏时陀螺仪精度发散的问题。

那么我是怎么做到自补偿、自校准的呢？

特性之一：自补偿。

我的工作原理是利用弹性波的惯性效应来测量旋转。弹性波的数学表现形式为正弦波或余弦波，而我的主要误差的数学表现形式也是正弦波或余弦波。

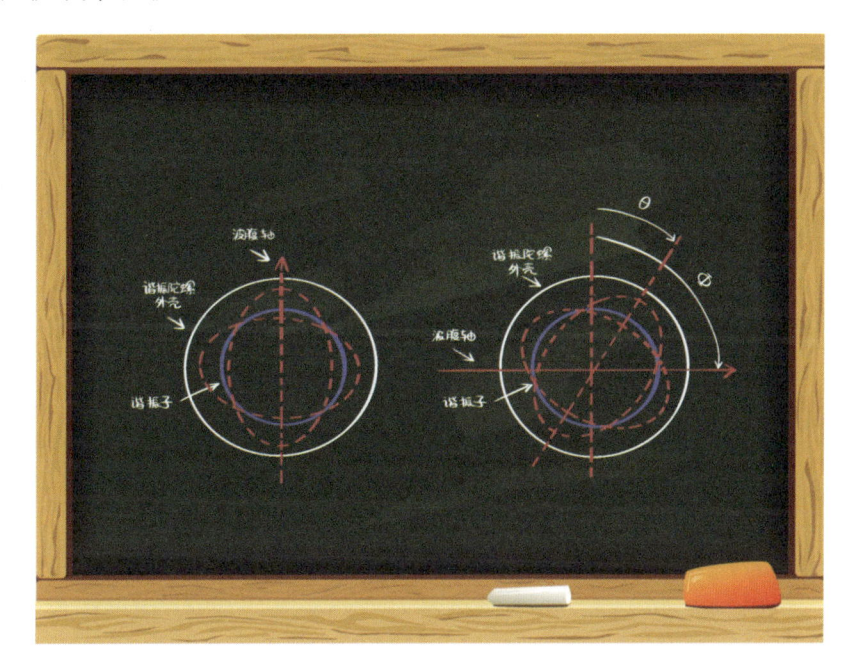

正弦波和余弦波在整周期积分后为零。因此在瞬时（某一特定时刻）条件下，我的导航系统的定位误差可能较大，但长时间积累后，定位误差不随时间累积而发散。这就好比你想从 A 地走到遥远的 B 地，在机械陀螺仪或者光学陀螺仪的指引下最终走到的可能是 B 地附近的无名小岛，但是在我的指引下最终可以走到 B 地。

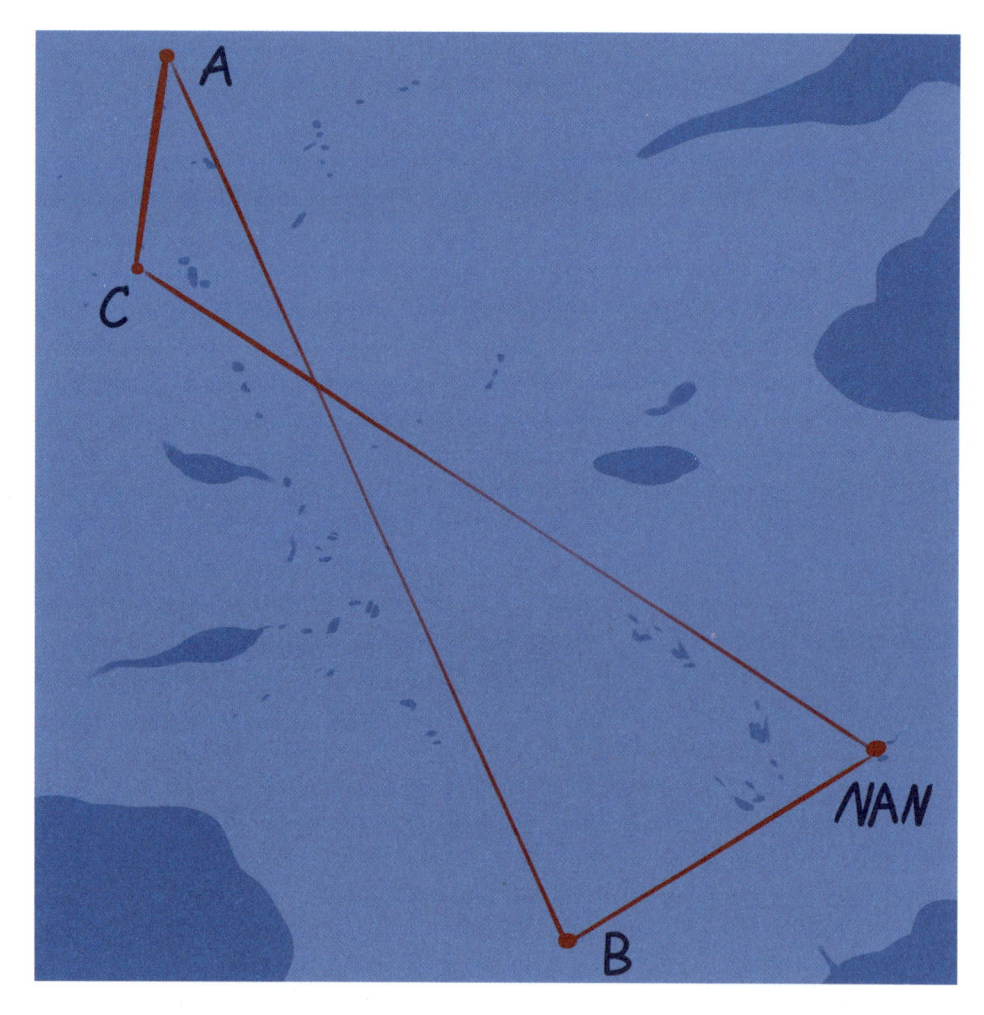

特性之二：自校准。

我的自补偿特性可以带着你从 A 地走到很遥远的 B 地，解决了"能不能"到的问题，但是中间的路途比较"曲折"。为了减少路途奔波，我还可以对自身的误差进行校准，解决"画龙"问题，让你的旅途更为顺畅。

那么你一定会好奇，我是怎么做到对自身误差进行校准的呢？这还得从我的工作原理出发来理解。前面提到，我的工作原理基于弹性波的惯性效应测量旋转。实际上，这里提到的弹性波是一对双胞胎，它们近乎一样。在工作时，其中一个作为工作组，负责执行任务；另外一个作为孪生体，用来反映正在执行任务的弹性波的状态，并实时修正正在工作的弹性波的误差。

但是，这两套弹性波只是"近乎"一样而不是完全一样，因此利用孪生体监测到的状态并不能完全修正工作组弹性波的误差。为了进一步减少走弯路，我还需要邀请另外一个结构一样的半球谐振陀螺仪来帮忙。为了弄清楚我们两个是怎么合作的，你还需要知道弹性波是有传播方向的，且它能够检测外界角度变化，其正负号与波的传播方向相关。具体来说，当弹性波顺时针旋转时，测量得到的外界角度的符号为正；相反，当弹性波逆时针旋转时，测量得到的外界角度的符号为负。其中，弹性波的传播方向可以通过我的"大脑"——"控制电路"来进行控制。在旅行途中，我和另一个陀螺仪手拉手绑定在一起，我们其中一个的弹性波沿顺时针方向旋转，另一个的弹性波沿逆时针方向旋转。这样，一个负责指路，另一个负责校准，将我们两个陀螺仪获取的信号相加，即可消除外界角度的影响而只剩下测量的误差残渣，将误差残渣补偿到指路的陀螺仪中，即可消除测量误差，获得当前外界角度的真实值，实现更为精准的指路！

3.4　微机械陀螺仪：小巧玲珑的精灵

苍蝇的后翅演化成的称为楫翅的小棒，实际上是自然界中的一种微缩振动陀螺。科学家们受到这种结构的启发，研制出了音叉式振动陀螺仪。当楫翅以每秒330次的频率作对称振动时，苍蝇就能在飞行中感知自身的转动角速度，判断飞行方向。

将音叉形装置固定在载体上，两臂的质量集中为两个质点 A 和 B。激励音叉的两臂产生持续的振动，振型保持对称，A 和 B 的相对速度 $\vec{v}_A$ 和 $\vec{v}_B$ 大小相等，方向相反。当载体以角速度 $\vec{\omega}$ 转动时，质点 A、B 上产生方向相反的科氏力 $\vec{F}_A = -2m\vec{\omega} \times \vec{v}_A$ 和 $\vec{F}_B = -2m\vec{\omega} \times \vec{v}_B$，组成交变的力偶作用在音叉的立柱上，使其作扭转振动。其幅值与科氏力成正比，也与载体角速度 $\vec{\omega}$ 的大小成正比。

楫翅

3.4.1 我从何而来

我名字中微机械所对应的英文是 micro-electromechanical system，缩写为 MEMS，即微电子机械系统，所以我又被称为 MEMS 陀螺仪。微电子机械系统技术是一种 21 世纪新型多学科交叉的前沿技术，建立在微米/纳米技术基础上，是指对微米/纳米材料进行设计、加工、制造、测量和控制的技术。它可将机械构件、光学系统、驱动部件、电控系统集成为一个整体单元的微型系统。

这种微电子机械系统不仅能够采集、处理与发送信息或指令，还能够按照所获取的信息自主地或根据外部的指令采取行动。它采用将微电子技术和微加工技术（包括硅体微加工、硅表面微加工、LIGA（光刻、电铸和注塑）和晶片键合等技术）相结合的制造工艺，制造出各种性能优异、价格低廉、微型化的传感器、执行器、驱动器和微系统。微电子机械系统涉及机械、电子、化学、物理、光学、生物、材料等多门学科，将对未来人类生活产生革命性的影响。

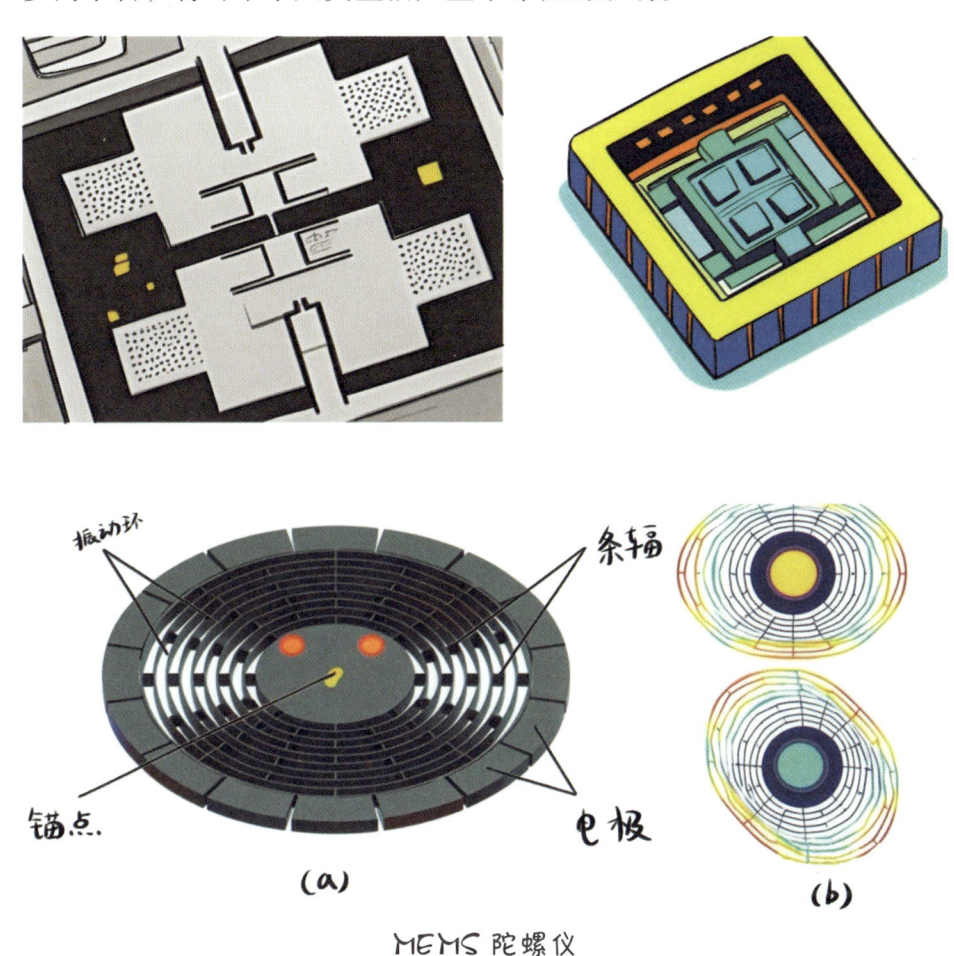

MEMS 陀螺仪

3.4.2 我的特点

我的工作原理同样是利用科氏力——旋转物体在有径向运动时所受到的切向力来测量旋转。我的尺寸较同原理的陀螺仪小很多，因此具有独特优势。

我的特点主要包括高精度、快速响应、体积小、质量小、功耗低、成本低、可靠性好、工作寿命长、能承受高冲击、测量范围大。

高精度与快速响应：我具有较高精度和快速响应能力，能够满足各种应用场景的需求。例如，用于某些高精度导航场景的我，漂移率为 0.01 度每小时，能够测量高达 ±400 度每秒的角速度。

体积微小、质量小：我的边长通常小于 1mm，器件核心的质量仅为 1.2mg，这使得我非常适用于微型化设计的系统中。

功耗低：由于结构简单，我在工作过程中所需的功耗较低，有利于提高设备的续航能力。

成本更低：我的制造成本相对较低，这使得我在商业应用中更具竞争力。

MEMS 陀螺仪加工工艺

洁净工作间

光刻

深反应离子刻蚀

可靠性好、工作寿命长：我具有良好的可靠性，工作寿命超过 10 万小时，并能承受高冲击。

测量范围大：我能够测量的角速度范围较大，可满足不同应用场景的需求。

我的这些特点使我在运动姿态检测、导航系统、自动驾驶等多个领域中得到广泛应用，并对未来人类的生活产生革命性的影响。

3.4.3 我的尺度效应

在设计我的时候，尺度效应是一个重要的考虑因素。尺度效应指的是当材料或结构的尺寸减小到微观尺度时，与宏观尺度相比会出现新的物理现象和行为。假设物体的长、宽、高都按照比例系数 S 缩小，那么与体积相关的物理量，如重力等，会按照比例系数 S^3 减小；与面积相关的物理量，如阻尼力、静电力等，会按照比例系数为 S^2 减小。

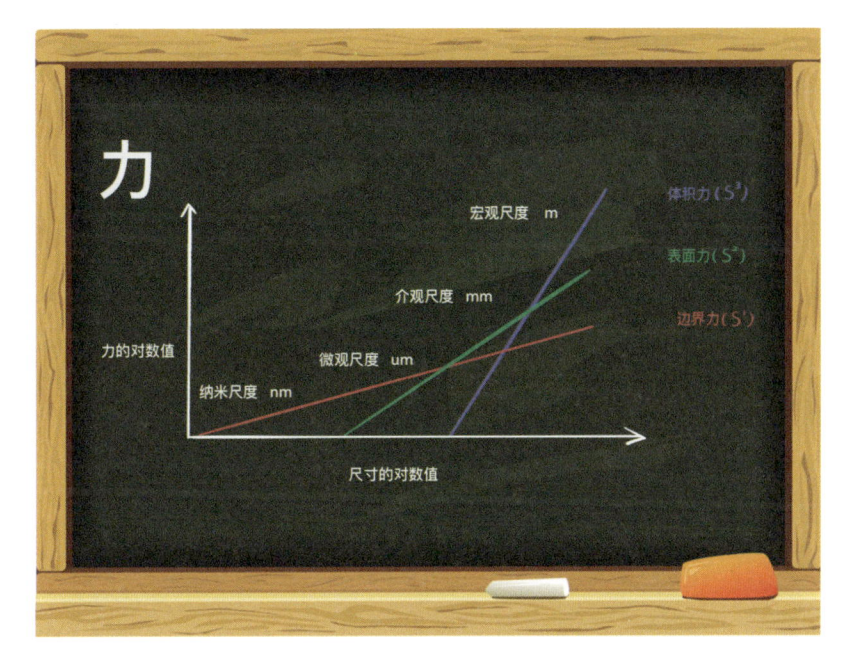

尺度效应在设计我的过程中有着广泛的应用。一方面，尺度效应可以改变材料的力学特性。例如，当材料尺寸减小到纳米尺度时，材料的力学刚度会有所增加。这是因为在小尺度下，表面效应变得更加明显，原子之间的相互作用力增强。在设计我时必须考虑尺度效应，因为它会直接影响微弹性体的材料刚度和弹性模量。

另一方面，尺度效应也可以改变材料的电学和热学特性。当材料尺寸减小到纳米尺度时，电子和热传输会受到限制，进而引发新的效应。例如，纳米材料的电阻会随着尺寸减小而增加，致使电流密度增大。在设计我时必须考虑尺度效应，因为它会影响我的电性能和热性能。

此外，尺度效应还会改变材料的光学特性。当材料尺寸减小到纳米尺度时，光在材料中的传播方式会发生变化。例如，纳米颗粒会显示新的光学性质，如表面等离子共振等。

在设计我时，充分考虑尺度效应是非常重要的，因为它可以为我带来新的功能和性能提升。例如，利用尺度效应改变材料的力学特性可以设计出灵敏度更高的陀螺仪；利用尺度效应改变材料的电学特性可以设计出体积更小、响应速度更快的陀螺仪。

尺度效应还可以帮助人们设计出更稳定和可靠的我。由于尺度效应会改变材料的性质，因此可以利用它来解决我的热漂移和机械失配问题。例如，选择尺寸合适的材料，可以使我在温度变化或振动环境下保持稳定的性能。

然而，尺度效应也会带来一些挑战。首先，随着材料尺寸的减小，我的制造和测试过程变得更加困难。同时，测试纳米尺度的材料和器件需要更高分辨率和灵敏度的测试设备。

其次，尺度效应可能会引发材料和结构的可靠性问题。由于尺度效应改变了材料的特性，材料可能会出现疲劳和断裂的问题。因此，需要通过结构和材料优化来提高我的可靠性。

最后，尺度效应可能会引发新的物理现象与问题。例如，在纳米尺度下，量子效应和表面效应变得更加明显，而这些效应对于我的设计和性能可能具有重要影响。因此，需要进一步研究和理解尺度效应的机理及其影响。

总之，在设计我时，尺度效应具有重要的作用。它可以改变材料的力学、电学和光学特性，为设计更高性能和稳定的 MEMS 器件提供新的机会。然而，尺度效应也带来了制造、测试和可靠性方面的挑战。因此，需要继续研究尺度效应，以更好地理解其机理和影响，从而使我的设计和应用进一步发展。

3.4.4 我的兄弟姐妹

我按谐振子结构形式分类可分为旋转对称结构 MEMS 陀螺仪及非旋转对称结构 MEMS 陀螺仪,详细结构分类如下图所示。

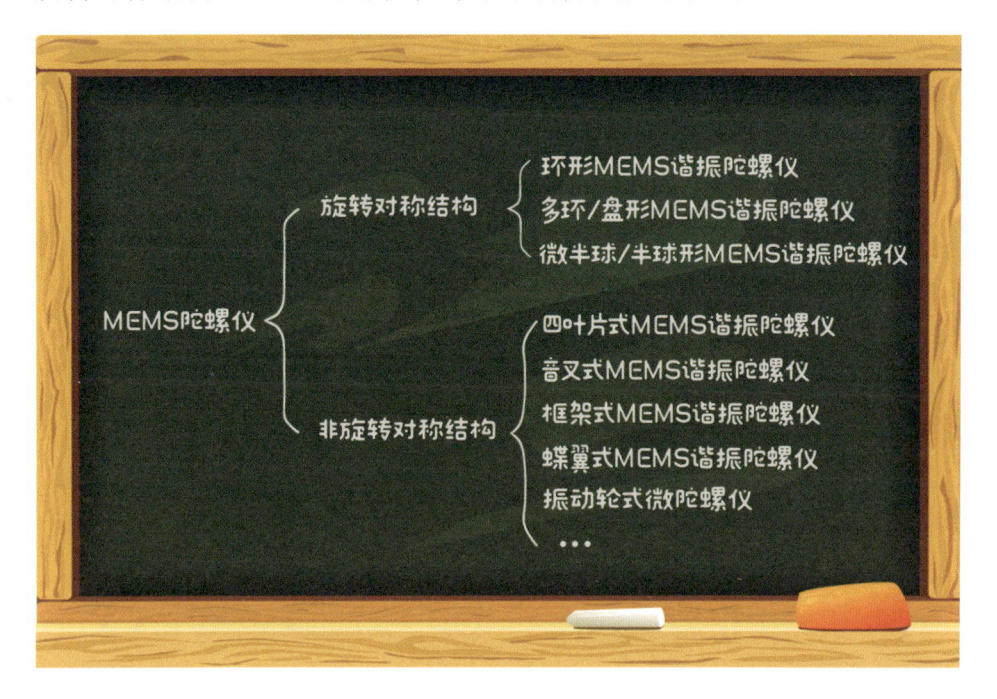

旋转对称结构 MEMS 陀螺仪典型代表有:环形 MEMS 陀螺仪、盘形 MEMS 陀螺仪、微半球 MEMS 陀螺仪等。

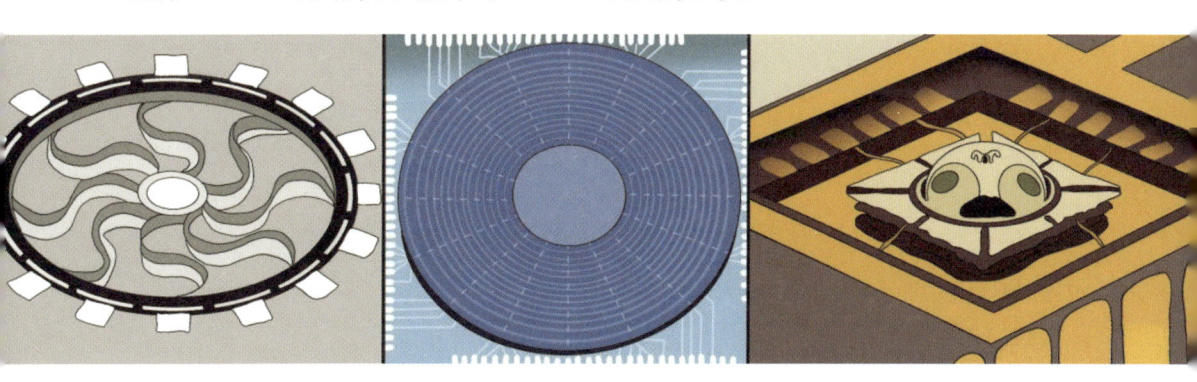

非旋转对称结构 MEMS 陀螺仪以质量块结构为主,典型代表有四叶片式 MEMS 陀螺仪、框架式 MEMS 陀螺仪、蝶翼式 MEMS 陀螺仪等。

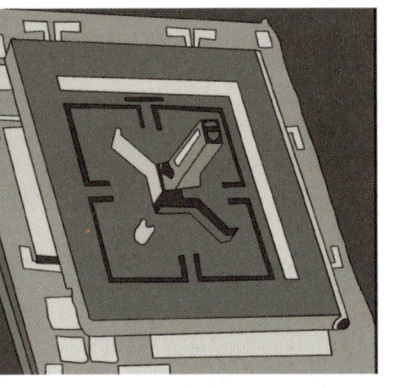

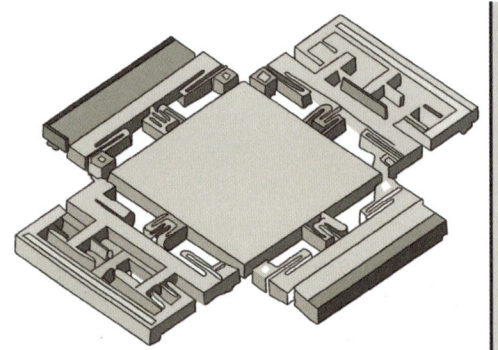

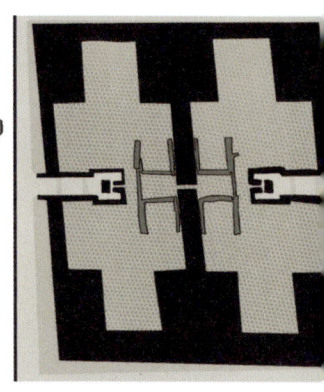

无论是何种类型的我，本质原理都是相同的，都是通过一定形式的交变力激励谐振子在预定工作模态下振动。当有沿敏感轴（谐振子能够感知并响应外部旋转的特定轴向）的角速度或角度输入时，通过检测科氏力引起的谐振子的进动来解算角速度或角度值。谐振子均可等效为二阶集中质量模型（一种简化的物理模型，用于描述谐振子的振动特性，通常用一个二阶微分方程进行描述）。陀螺仪性能与模型中的惯性质量、刚度、阻尼及其分布均匀性息息相关，而这些参数又取决于谐振子的结构、尺寸、材料等因素。因此，从实际加工制造角度来看，相对于我的谐振子，常规尺寸的谐振子具有更大的惯性质量和更高的可加工性，容易实现高精度、高品质的加工成形，从而更容易展现出高性能。此外，旋转对称结构 MEMS 陀螺仪的谐振子相较于非旋转对称结构 MEMS 陀螺仪的谐振子，具有优良的周向结构一致性和模态参数一致性，并且不易受温度等环境因素影响，因此更容易具备高性能。

3.5 原子陀螺仪：量子世界的导航者

我，原子陀螺仪，作为一种基于原子物理和量子力学原理工作的高性能传感器，正逐步从实验室走向实际应用，展现在惯性导航、姿态控制、科学研究等领域的巨大潜力。

3.5.1 我有何不同

我的核心在于利用原子光谱或原子波的特性来感受外部转动。与传统的机械陀螺仪和光学陀螺仪相比，我的工作原理基于量子力学中原子的波粒二象性。具体来说，原子作为物质的基本单位，具有复杂的内部结构和量子效应。这些量子特性，尤其是原子的波动性，即德布罗意波长，为我提供了极高的测量精度。

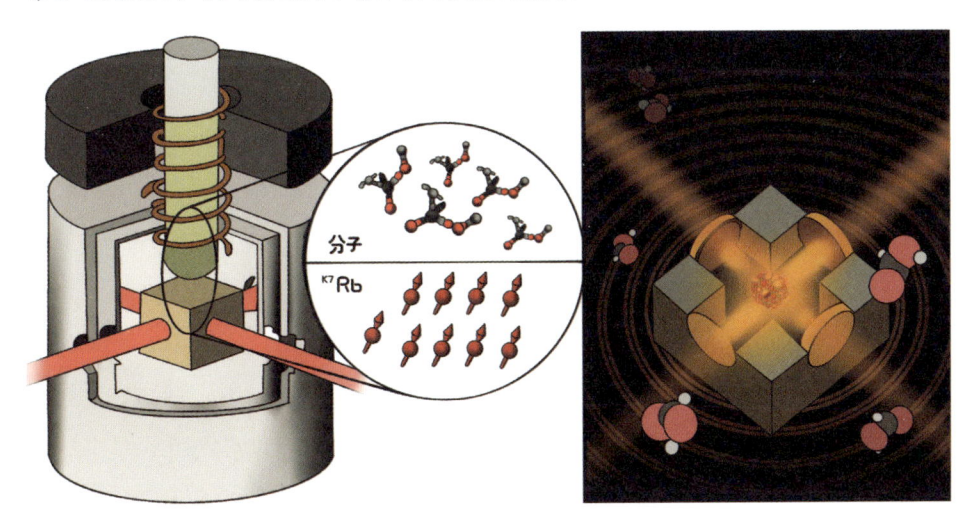

德布罗意波长是描述微观粒子波动性质的一个关键参数。在室温下，典型原子的德布罗意波长比可见光的波长短数万倍。这意味着原子波的干涉效应比光波的更加敏感，能够捕捉更细微的角速度变化。这种极高的灵敏度使我在理论上具有比现有装备常用的光学陀螺仪更高的精度。

3.5.2 我的辉煌历程

在 20 世纪后半叶的科技浪潮中，我如同一颗悄然萌芽的种子，在量子力学的滋养下茁壮成长。这一时期，科技发展的步伐前所未有地加快，人类对微观世界的探索欲望日益增强。量子力学的诞生和发展，彻底颠覆了人们对物质世界的基本认知，为高精度测量提供了新的思路。正是在这样的背景下，我这一融合了量子物理、激光技术、精密测量等多个领域的创新技术应运而生，突破了传统测量的极限，为未来的导航与控制技术铺设了一条全新的道路。

量子力学不仅揭示了微观粒子的奇妙世界，还为科学家们提供了实现前所未有的测量精度的可能。随着量子技术的逐步兴起，科学家们开始思考如何利用微观粒子的特性来实现高精度测量。我的概念正是在这样的背景下诞生的。我基于量子力学的基本原理，利用原子在特定条件下的干涉现象来感知和测量旋转角速度，从而实现高精度的导航与控制。

20 世纪后半叶，是物理学史上一段辉煌而动荡的时期。原子的稳定性和其内部结构的复杂性，为高精度测量提供了新的思路。在量子力学的指引下，科学家们发现了一系列令人惊叹的物理现象，这些发现不仅推动了基础科学的进步，也为应用技术的发展奠定了坚实的基础。我的出现，正是这一时期科技发展的必然结果，不仅体现了量子力学在实际应用中的巨大潜力，也为未来的科技发展开辟了新的方向。

1991 年，陀螺仪领域迎来了具有划时代意义的一刻。斯坦福大学的朱棣文小组，凭借其在量子物理和激光技术方面的深厚积累，首次在实验中观察到了原子干涉仪的陀螺效应。这一发现不仅验证了理论预测的正确性，更为我的研究指明了方向。

朱棣文小组的实验设计精妙绝伦。他们利用激光束将冷原子云分为两束，并使其沿着不同的路径运动后重新会合。当这两束冷原子云发生干涉时，干涉图样会随着外界旋转角速度的变化而改变。通过观测干涉图样的变化，科学家们就能够精确地测量出旋转角速度。

这一发现引起了全球科技界的轰动。它不仅展示了我的巨大潜力，更为后续的研究奠定了坚实的基础。朱棣文小组因此获得了广泛赞誉和高度关注，他们的研究成果也成为我技术发展的重要里程碑。

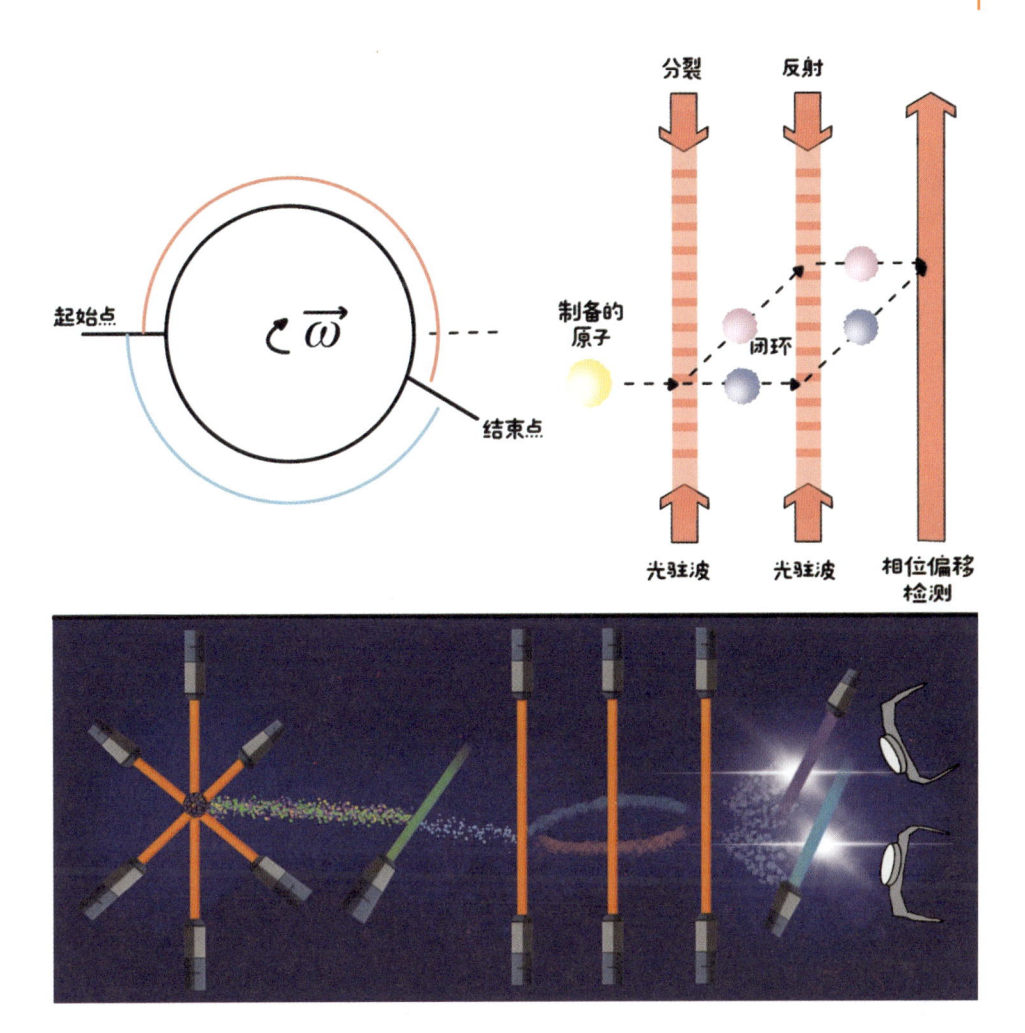

自朱棣文小组的突破性发现以来，针对我的研究迅速成为全球科技界的热点。世界各国纷纷投入大量资源，组建顶尖科研团队，致力于推动我的快速发展。这一领域的研究不仅涉及物理学、光学、电子学等多个学科领域的知识，还需要高精度的实验设备和复杂的数据处理技术。

在欧洲，德国、法国、英国等国家的科研机构纷纷加入面向我的研究行列。他们利用各自在量子技术、激光技术等方面的优势，开展了一系列具有创新性的研究工作。在亚洲，中国、日本等国家的科研机构也不甘示弱，纷纷加大投入力度，推动对我的研发和应用。

这些科研力量的汇聚，不仅加速了我的发展步伐，还促进了不同国家和地区之间的科技交流与合作。通过共享研究成果、交流实验经验等方式，全球科学家在研究我的领域取得了更加丰硕的成果。

经过数十年的不懈努力，针对我的研究在多个方面取得了重大突破。首先，在测量精度方面，我已经远远超过上述几类陀螺仪的水平。由于是基于量子力学基本原理进行测量的，因此具有极高的稳定性和抗干扰能力，即使是在航空航天、深海探测等极端环境下依然能够保持高精度的测量效果。

其次，在应用领域方面，我正逐渐从理论概念走向了实际应用。在航空航天领域，我被广泛应用于卫星导航、空间姿态控制等方面。我高精度、高稳定性的特点使得卫星导航系统更加可靠和精确；在空间姿态控制方面，我则能够帮助航天器实现更加精准的姿态调整和稳定控制。

3.5.3 我的家族成员

我作为一种基于量子力学原理工作的先进传感器，正逐步成为现代导航、航空航天、地质勘探及精密制造等多个领域中的核心装备。其中，冷原子陀螺仪与核磁共振陀螺仪作为我家族的两大分支，各自以其独特的工作原理和卓越性能，引领高精度测量技术的革新。

冷原子陀螺仪：物质波干涉的精密艺术

冷原子陀螺仪的精髓在于利用物质波的萨尼亚克效应，这是一种与光波类似，能在旋转参考系中观测到的波前相位变化现象。与光波不同，物质波是由微观粒子（如原子）的德布罗意波构成，波长极短，对旋转效应极为敏感。为了利用这一现象测量角速度，科学家们首先将原子束冷却至接近绝对零度（温度的最低极限，理论上在这个温度下，所有粒子都会停止运动）的极低温度，形成所谓的"冷原子云"。这一过程依赖先进的激光冷却和囚禁技术，通过精确控制激光束的频率、方向和强度，对原子进行减速和定位，使其在极小的空间内保持静止或低速运动状态。

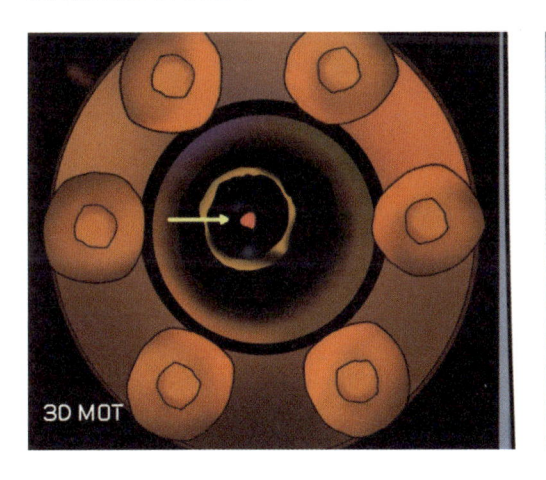

在冷原子陀螺仪中，经过冷却和囚禁的原子云会被特定的光路设计分割成两束原子波，原子波分别沿不同的环形路径移动。这两条路径的设计至关重要，它们需要确保原子波在经历相同时间后能够重新相遇并发生干涉。干涉现象是量子力学中波粒二象性的直接体现，当两束原子波相遇时，它们会相互叠加形成干涉条纹。这些干涉条纹的位置和形状携带着关于系统旋转状态的重要信息。

当系统处于旋转状态时，受萨尼亚克效应影响，两束原子波的传播路径会发生微小的变化，导致它们重新相遇时相位差改变，进而引起干涉条纹的移动。科学家们通过高精度的探测器测量干涉条纹的移动量，并结合已知的光路参数和系统几何尺寸，可以精确计算出系统的旋转角速度。这一过程实现了从微观粒子行为到宏观物理量测量的跨越，展现了量子技术在精密测量领域的巨大潜力。

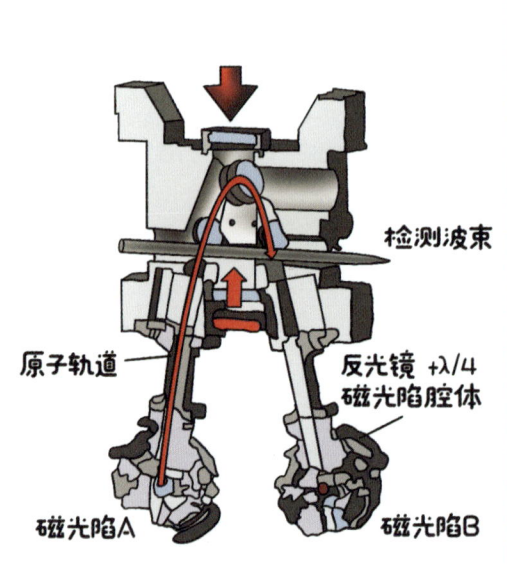

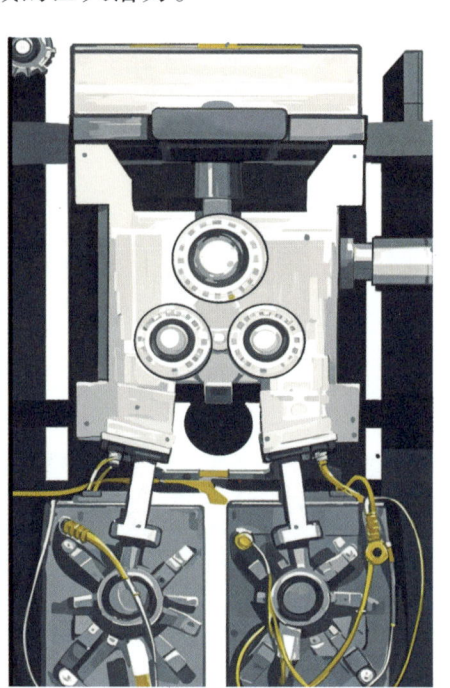

▎核磁共振陀螺仪：原子核的自旋密码

与冷原子陀螺仪不同，核磁共振陀螺仪利用的是原子核在磁场中的拉莫尔进动现象来测量旋转角速度。原子核具有自旋角动量，当它处于外磁场时，其自旋会沿磁力线排列，形成宏观磁矩。此时，若对原子核施加一个与磁力线垂直的振荡磁场（即射频场），可以激发原子核的进动，使其绕磁力线做圆锥运动。

进动频率（即拉莫尔频率）与磁场强度和原子核的磁旋比（描述粒子磁矩与角动量关系的物理量，表示粒子在磁场中旋转时磁矩与旋转速度的比例）有关，而与旋转角速度无关。然而，当系统整体旋转时，由于相对论效应，观测到的进动频率会发生变化，这一变化量与系统的旋转角速度成正比。

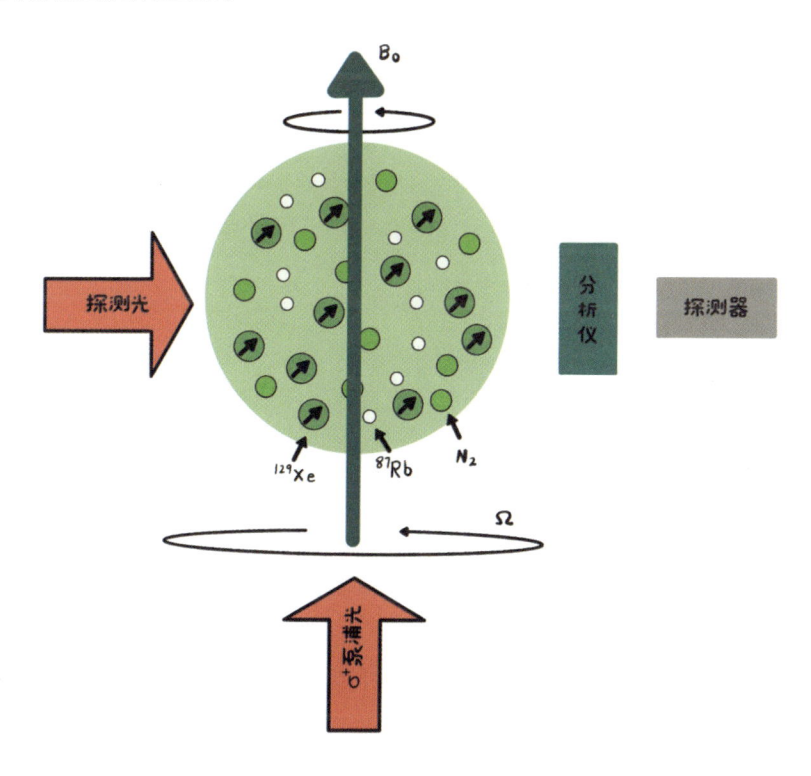

核磁共振陀螺仪通过精确测量原子核进动频率的变化来确定系统的旋转角速度。具体来说，当系统旋转时，观测到的进动频率会发生微小的偏移（称为萨尼亚克偏移），这一偏移量与系统的旋转角速度成正比。通过高精度的频率测量装置检测这一偏移量，并结合已知的磁场强度和原子核的磁旋比等参数，可以计算出系统的旋转角速度。

　　核磁共振陀螺仪具有结构简单、无须特殊冷却条件、易于集成等优点，在航空航天、船舶导航等领域具有广泛的应用前景。近年来，随着材料科学、电磁技术和微电子技术的不断进步，核磁共振陀螺仪的性能得到了显著提升。例如，通过优化核磁共振传感器的设计和制造工艺，科学家们成功地提高了核磁共振陀螺仪的测量精度并扩大了动态范围；同时，采用先进的数字信号处理技术对测量信号进行滤波和校正，进一步提高了系统的稳定性和可靠性。

3.5.4　我的技术特点

▍高精度：量子世界的精准测量

　　我之所以能在测量精度上达到前所未有的高度，关键在于巧妙地利用了原子光谱或原子波这一量子世界的微观特性。与宏观世界的物体不同，原子作为构成物质的基本单元，其行为遵循量子力学的规律，展现了极高的精确性和稳定性。正是基于这一原理，我通过精确操控和测量原子的运动状态，实现了对旋转角速度的高精度感知。

值得一提的是冷原子干涉陀螺仪，它通过将原子束冷却至接近绝对零度的极低温度，极大地减少了原子的热运动干扰，从而使得原子波的传播更加稳定且可预测。在这种极端条件下，特定的光路设计将冷原子云分裂成两束，并使它们沿不同路径移动，当它们重新相遇时所产生的干涉现象是测量系统旋转角速度的关键。由于原子波的波长极短且对旋转效应极为敏感，冷原子干涉陀螺仪能够捕捉到极其微小的旋转变化，从而实现极高的测量精度。这一精度远超传统的光学陀螺仪和机械陀螺仪，为需要极高精度的应用场景提供了前所未有的解决方案。

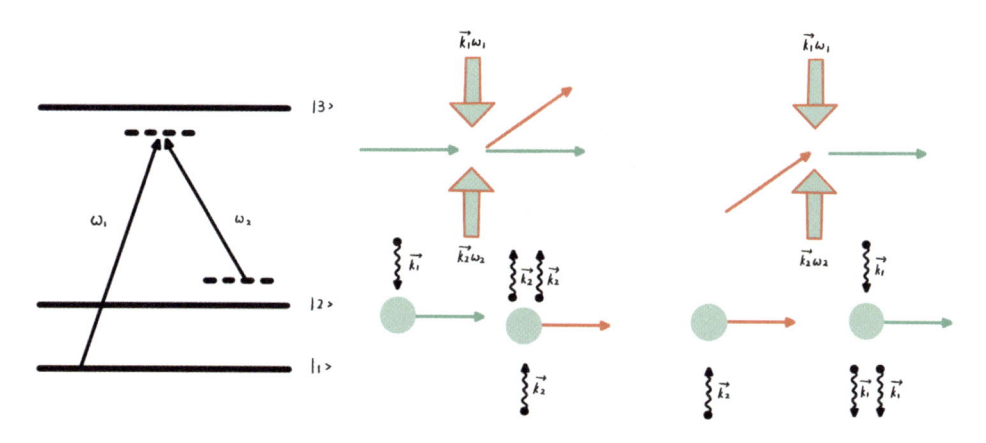

从理论上看，冷原子干涉陀螺仪的测量精度与量子力学基本原理密切相关，具有极高的潜力。而在实践中，科学家们通过不断优化光路设计、提高探测器的灵敏度和稳定性，以及采用先进的信号处理技术，已经成功地将这种潜力转化为实际测量精度的提升。例如，在某些实验中，冷原子干涉陀螺仪的测量精度已经达到了十亿分之一度每小时甚至更高。这一成就不仅验证了量子力学原理的正确性，也展示了我在精密测量领域的巨大潜力。

▍无磨损：长久稳定的运行保障

与机械陀螺仪相比，我最大的技术特点便是采用无运动部件的设计。机械陀螺仪通过旋转的转子来感知角速度变化，而这一过程不可避免地会产生磨损，从而影响测量精度和使用寿命。然而，我则完全不同，我利用量子力学原理进行非接触式测量，完全避免了运动部件的存在。这种设计不仅消除了磨损带来的误差源，还极大地提高了陀螺仪的可靠性和稳定性。

　　由于无运动部件，我在使用中几乎不会出现损耗或故障。这意味着我可以在极长的时间内保持稳定的测量性能而无须更换或维修。这对需要长期稳定运行的应用场景来说，具有极其重要的意义。例如，在航空航天领域，我可以作为高精度惯性导航系统的重要组成部分，为飞行器提供稳定可靠的导航和定位服务；在地质勘探领域，我能精确测量地壳的微小运动变化，为地震预测和地质构造研究提供重要数据支持。

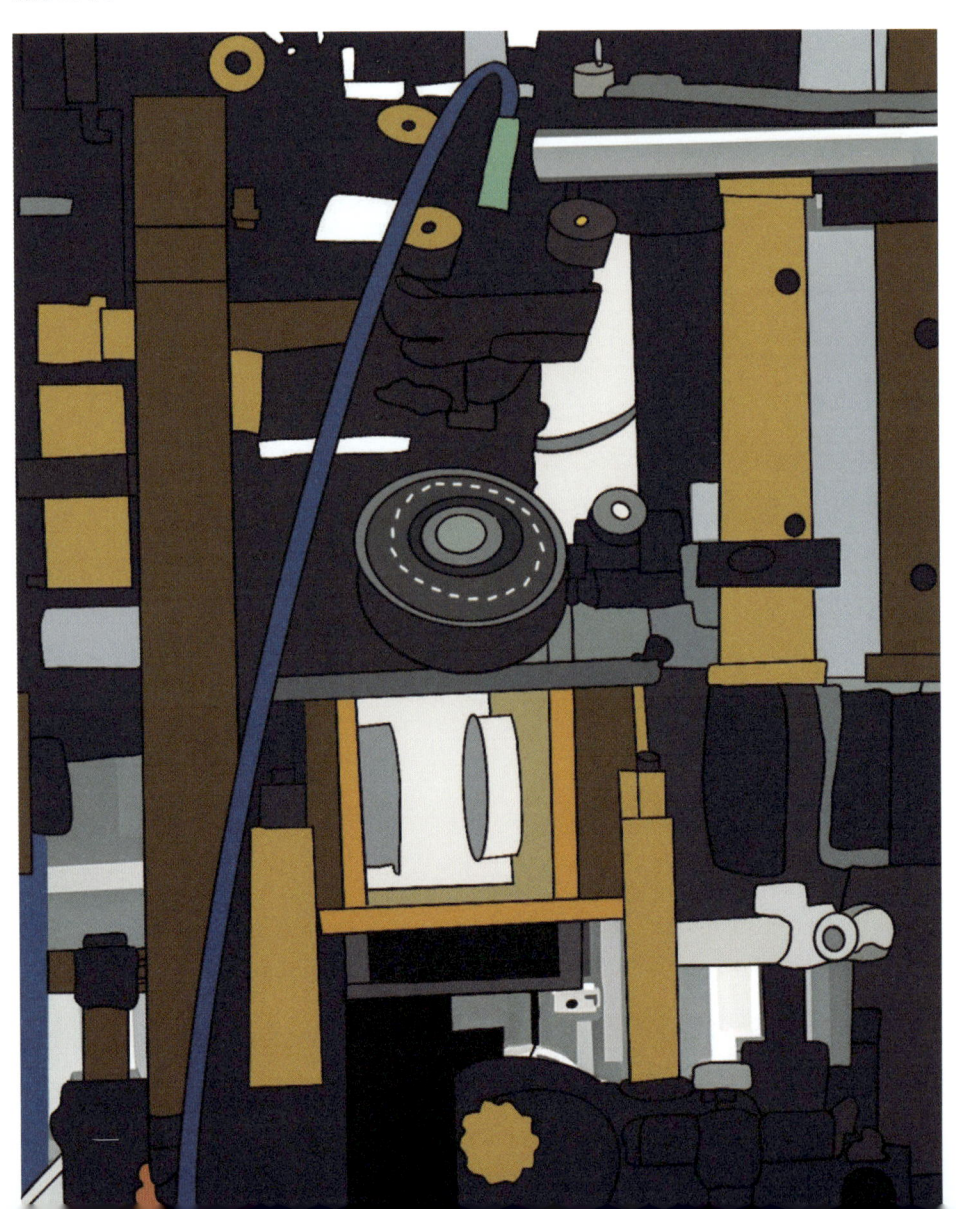

此外，无运动部件的设计还让我对环境变化的适应能力更强。在极端温度、压力或振动等恶劣环境下，机械陀螺仪的性能可能会受到严重影响甚至失效；而我却能够保持稳定的测量性能。这种环境适应性的提升进一步拓宽了我的应用范围。

▍抗干扰能力强：复杂环境中的稳定工作

我的抗干扰能力，源自基于量子力学原理的测量机制。量子力学原理表明微观粒子（如原子）的行为，对外界环境的干扰具有较强的抵抗能力。在我这里，这种抵抗能力被巧妙地转化为对电磁干扰和振动干扰的强大抵御能力。这让我在复杂环境中仍能不受干扰，保持稳定的测量性能。

在现代科技领域，电磁干扰是一个普遍存在的问题。传统的电子设备和传感器往往容易受到电磁波的干扰，从而影响测量精度和稳定性。然而对我来说，电磁干扰几乎无法对我产生影响。因为我的测量过程并不依赖于电子信号的传输和处理，而是直接通过量子力学原理进行非接触式测量。这种特性让我在电磁环境复杂的应用场景中能够不受干扰，保持稳定的测量性能。

除电磁干扰外，振动干扰也是影响传感器测量精度和稳定性的重要因素。在航空航天、海洋探测等恶劣环境下，振动干扰尤为严重。然而对我来说，振动干扰同样无法对我产生影响。因为我的测量过程并不依赖于机械部件的运动，而是直接通过原子波或原子光谱的特性进行测量。

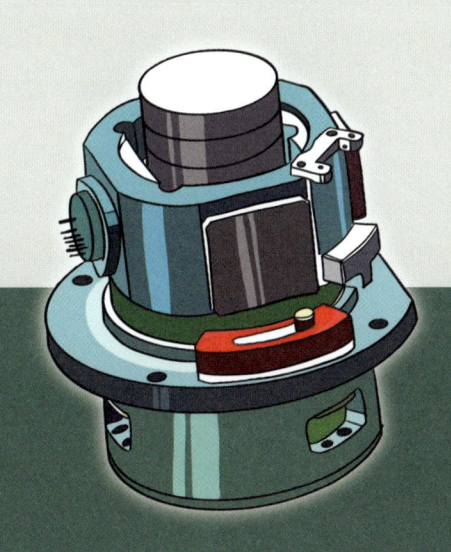

第 4 章

我的冒险之旅

4.1 我在海洋中遨游

在海洋探索的浩瀚征途中，我作为导航与定位技术的关键组成部分，我的发展历程与深化应用，不仅见证了人类勇闯深蓝的无畏精神，也映射了科技进步对未知世界探索能力的巨大飞跃。以下内容将深入剖析我在海洋探索领域的早期应用、技术革新、多元化拓展，全方位展现我在推动海洋科学发展与资源利用方面的重要作用。

在人类历史的长河中，海洋一直是连接文明、促进交流的重要通道。然而，茫茫大海上的航行，始终伴随着方向迷失与风暴侵袭的风险。在我正式应用于航海导航之前，航海者主要依赖传统的航海罗盘来指引方向。这种古老的导航工具，虽能在一定程度上帮助航海者确定航向，但在恶劣海况下，其精度和稳定性却常常受到挑战，难以满足远航探索的需求。

正是在这样的背景下，我凭借卓越的稳定性和抗干扰能力，逐渐进入航海导航领域的视野。我的基本原理基于角动量守恒，即一个旋转的物体在不受外力矩作用时，其旋转轴的方向将保持不变。这一特性使我在测量角速度变化时具有极高的准确性和稳定性，即使在波涛汹涌的海面上也能保持稳定的输出。

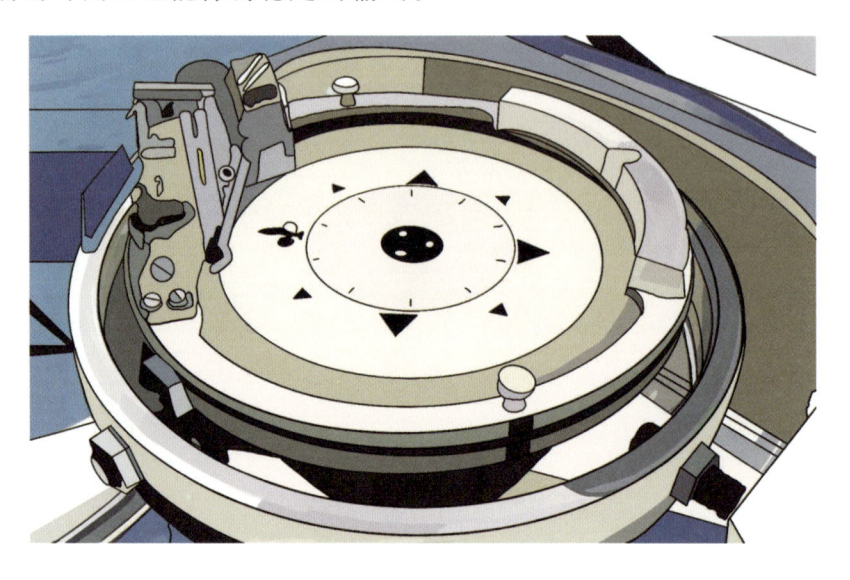

我早期应用于航海时，多为机械式陀螺仪。这种结构形式的我，通过精密的机械结构设计，实现了对船舶角速度变化的精确测量。我被安装在船舶的导航系统中，与罗盘、天文导航等手段相结合，为航海者提供了更为可靠和准确的航向指引。随着技术不断进步，我的精度和稳定性得到了显著提升，逐渐成为远洋航行中不可或缺的导航设备。

随着技术的不断成熟，我在深海探测领域的应用也日益广泛。从潜航器的姿态稳定到深海导航与定位，从地形测绘到科考研究，我都扮演着举足轻重的角色。

4.1.1 船舶和潜航器的姿态稳定

姿态稳定是船舶和潜航器设计中至关重要的一环。船舶和潜航器需要时刻保持稳定的姿态，才能在复杂多变的海洋环境中确保探测任务的顺利进行。我通过实时监测、调节船舶和潜航器的姿态参数，如俯仰角、横滚角和偏航角等，可确保其稳定航行在海洋环境中。这种稳定性不仅提高了船舶和潜航器的安全性，还保证了探测数据的准确和可靠。

4.1.2 深海导航与定位

在深海环境中,由于传统的全球定位系统(GPS)等卫星导航系统无法直接使用,因此需要依赖其他方式进行导航与定位。我结合水下声学定位技术,如长基线、短基线、超短基线定位系统等,实现了对潜航器在深海中的精确导航和定位。这些系统通过在水中布置多个声呐基站和潜航器上的声呐应答器进行声音信号交换和测量,结合我提供的角速度信息,可以精确计算出潜航器的位置和运动状态。这种高精度的导航和定位能力为深海科考和海洋资源开发提供了重要支持。

4.1.3 地形测绘与科考研究

深海地形复杂多变,蕴藏着丰富的矿产资源和生物资源。通过搭载了我的深海探测装备,科研人员能够精确测量海底地形的起伏变化,并绘制高精度的海底地形图。这些地形图不仅揭示了地球内部的构造特征,还为海洋资源的勘探与开发提供了重要依据。同时,我还与其他传感器和计算平台深度融合,实现了对深海环境的多维度监测和数据分析。这些数据不仅有助于科研人员深入了解海洋生态系统的运作机制,还为应对海洋灾害、保护海洋环境提供了科学依据。

4.2　我在太空中探索

在太空探索的浩瀚征途中，我作为导航与姿态控制系统的核心组件，不仅见证了人类科技的飞跃，也深刻影响了人类对宇宙的认知与探索能力。从最初的卫星与飞船的简单应用，到如今深空探测任务中的复杂角色，我的技术进步与革新，是太空时代科技进步的一个缩影。

在人类首次踏入太空的初期，每一分每一秒都充满了未知与挑战。卫星与飞船的稳定性和精确控制，直接关系到任务的成功与否，乃至宇航员的生命安全。在这一背景下，我凭借其独特的物理特性和卓越的稳定性，迅速成为太空导航与姿态控制领域的宠儿。

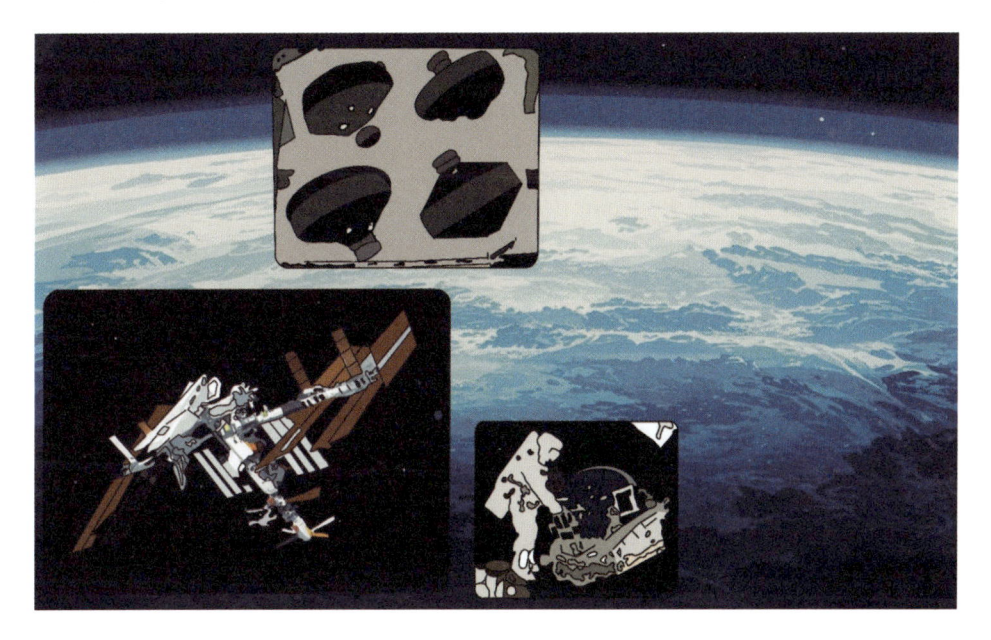

一个旋转的物体在不受外力矩作用时,其旋转轴的方向将保持不变。这一特性使我能够在复杂的太空环境中,为卫星和飞船提供可靠的姿态保持和导航辅助。通过测量飞行器的角速度变化,我能够实时感知并调整飞行器的姿态,确保飞行器在太空中稳定飞行。这种稳定性对于避免与其他天体碰撞、维持通信链路稳定,以及执行科学实验等任务至关重要。

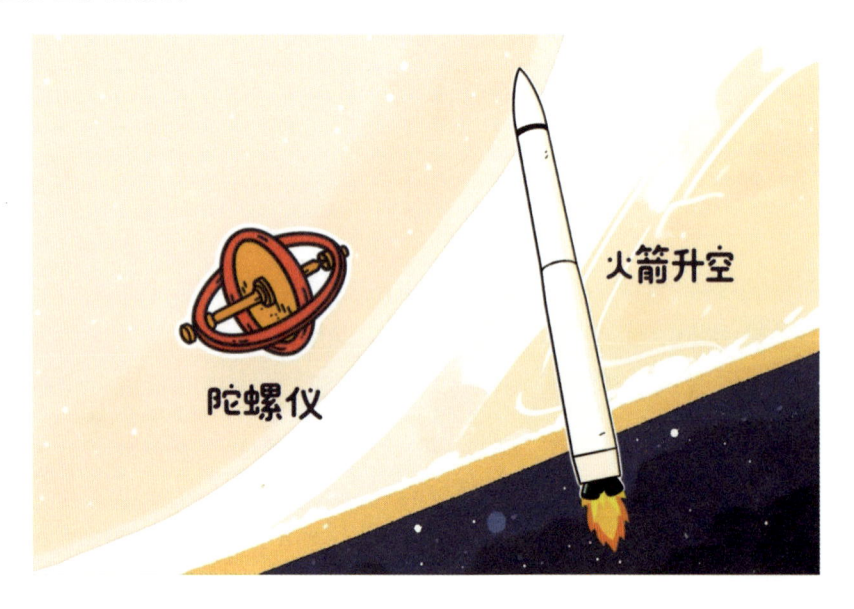

随着太空探索的深入,我在太空技术体系中的地位日益凸显。卫星作为人类观测地球、进行科学研究的重要工具,其姿态的稳定性直接关系到观测数据的准确性和可靠性。我通过精确控制卫星的俯仰、偏航和滚动等姿态参数,确保了卫星能够按照预定轨道稳定运行,为地球表面的用户提供了高质量的通信、导航和遥感服务。

在载人航天领域,我更是直接关系到航天员的生命安全。我被广泛应用于飞船的姿态控制系统中,确保飞船在发射、对接、返回等关键阶段能够保持稳定的姿态,为航天员提供一个安全可靠的太空环境。通过实时测量飞船的角速度变化并调整姿态控制设备的输出力矩,我能够确保飞船在复杂多变的太空环境中保持稳定的姿态。

而在卫星导航系统中,我作为关键组件之一,与导航卫星、地面控制站和用户接收机等部分共同构成了完整的导航系统。通过测量卫星的角速度变化并结合其他导航信息，我能够实时计算出卫星的位置和速度信息，并将其传递给地面控制站和用户接收机。这种高精度的导航能力不仅提升了卫星的运行效率，也为地球表面的用户提供了更可靠的定位和导航服务。

随着太空探索的深入，人类逐渐将目光投向了更加遥远的深空领域。火星、月球等天体成为人类探索的新目标。在这些深空探测任务中，我同样发挥着重要作用。

在火星探测任务中，我是探测器姿态控制和轨道维持的关键设备之一。探测器在飞往火星的途中需要经历长时间的飞行和多次轨道调整。我通过精确测量探测器的角速度变化并调整姿态控制设备的输出力矩，确保了探测器能够按照预定轨道稳定飞行。当探测器接近火星并进入着陆阶段时，我更是发挥了至关重要的作用。我帮助探测器精确控制其姿态和速度，确保探测器能够准确着陆在火星表面并进行科学探测。

在月球探测任务中，我成为确保月球探测器稳定运行和科学探测顺利进行的关键组件，扮演了不可或缺的角色。月球，作为地球的近邻，其独特的表面环境、地质结构，以及潜在的资源价值，一直以来是人类深空探索的热点。从早期的无人探测器到现在的载人登月计划，每一次月球探测任务的成功都离不开我的精准控制和稳定支持。

在月球探测器的发射阶段，我便开始发挥重要作用。通过实时监测并调整探测器的姿态，我确保了探测器在复杂多变的发射环境中能够保持稳定的飞行状态，为后续的深空飞行奠定基础。在探测器进入月球轨道后，我更是成为维持轨道稳定性和进行精确轨道调整的关键设备。我不断地感知并校正探测器的角速度变化，确保探测器能够按照预定的轨道运行，为后续的着陆、巡视等任务提供精准的导航支持。

当月球探测器进入着陆阶段时，我的作用更加凸显。由于月球表面重力场分布不均、地形复杂多变，探测器在着陆过程中需要经历多次姿态调整和速度控制。我通过高精度地测量探测器的角速度变化，并实时反馈给姿态控制系统，帮助探测器在极短的时间内完成复杂的姿态变换和速度调整，确保探测器能够安全、准确地着陆。这一过程中，我的稳定性和精确性直接关系到探测器的着陆成败。

除着陆阶段外，我在月球探测器的巡视和科学探测过程中也发挥着重要作用。在月球表面行驶时，月球车等探测设备需要保持稳定的姿态和行进方向，以便进行精确的地质勘探、样本采集等任务。我通过实时监测并调整探测设备的姿态，确保了探测设备在行驶过程中的稳定性和精确性，为科学探测提供了有力保障。

4.3 我在空中做指挥

我的诞生与应用,无疑是人类探索未知世界过程中的一次重大技术飞跃。我这一源自古老物理学原理的装置,最初引入航海领域,极大地提升了船舶航行的稳定性与导航的精确度,更为后续的航空乃至航天技术发展奠定了坚实的基础。

随着航空技术的快速发展,我被迅速引入飞机中,成为飞行导航和姿态控制的重要辅助工具。在飞机飞行过程中,由于速度快、海拔高、环境变化快等因素,传统的导航方式已经难以满足需求。我凭借出色的稳定性和抗干扰能力,在飞机飞行中发挥了不可替代的作用。

在飞行导航方面,我通过测量飞机的角速度变化,结合其他导航设备如无线电导航、卫星导航等,为飞机提供了精确的飞行轨迹和位置信息。这使得飞行员能够实时了解飞机的飞行状态,并根据需要进行调整,确保飞行安全。同时,我还通过与其他飞行控制系统的协同工作,实现了对飞机姿态的精确控制。无论是爬升、俯冲、转弯还是翻滚等复杂动作，我都能确保飞机在姿态上的稳定，为飞行员提供可靠的飞行保障。

在高速飞行中，飞机容易受到各种外部扰动的影响，如风切变、气流不稳定等。这些扰动往往会导致飞机姿态的突然变化，对飞行安全构成严重威胁。我通过实时监测并调整飞机的姿态参数，能够迅速抵消外部扰动对飞机的影响，确保飞机在复杂气象条件和飞行状态下保持稳定。这种稳定性不仅提高了飞行的安全性，还使得飞行员能够更加专注于飞行任务本身，提高了飞行效率。

随着我的技术不断进步，我在空中应用的领域也不断拓展。除了传统的飞行导航和姿态控制，我还被广泛应用于导弹制导、无人机控制等多个方面。在导弹制导系统中，我通过测量导弹的角速度变化，为导弹提供精确的制导指令；在无人机控制系统中，我则帮助无人机保持稳定的飞行姿态和精确的飞行轨迹。

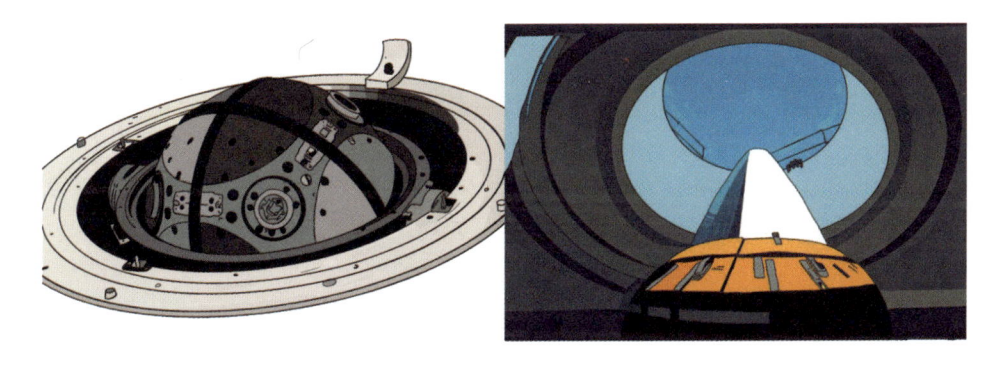

在现代航空领域，我已经成为惯性制导系统的核心组件之一。惯性制导系统通过我与加速度计等传感器的协同工作，能够实时测量飞行器的姿态、速度和位置等参数，并通过数学计算得出飞行器的飞行轨迹和姿态控制指令。这种自主式的导航方式不依赖于外部信号源，具有高度的自主性和抗干扰能力，在复杂多变的空中环境中发挥着关键作用。

在导弹的发射和飞行过程中，我同样发挥核心指挥作用。通过实时测量导弹的角速度变化和姿态参数，我能够为导弹提供精确的制导指令，确保导弹能够按照预定的轨迹和姿态飞行。这种高精度的制导能力对提高导弹的打击精度和作战效能具有重要意义。

4.4 我与自动驾驶的奇幻冒险

在科技与梦想的交织中，我与自动驾驶技术共同编织了一幅宏伟的蓝图，引领人类进入一个前所未有的出行新时代。这是一场关于智能、安全与便捷的奇幻冒险，它不仅仅是技术层面的飞跃，更是对未来社会形态、生活方式乃至人类文明的深刻探索与重塑。

自动驾驶的梦想，源自人类对自由、安全与高效出行的永恒追求。在漫长的人类历史长河中，出行方式的每一次变革都深刻地影响着社会的进步与发展。从马车到汽车，从蒸汽机车到高速铁路，每一次技术的突破都极大地拓展了人类的活动范围，提升了生活的品质。

然而，随着城市化进程的加速和交通拥堵问题的日益严峻，传统的出行方式已难以满足人们日益增长的需求。自动驾驶技术，正是在这样的背景下应运而生，它承载着人类对未来出行的美好憧憬与期待。

4.4 我与自动驾驶的奇幻冒险

在自动驾驶梦想的萌芽阶段，我便以独特的姿态感知能力，悄然融入自动驾驶系统。作为一种基于角动量守恒原理的传感器，我能够实时监测并测量物体的角速度变化，从而精确地反映物体的旋转状态。在自动驾驶系统中，我就像是车辆姿态的"守护者"，通过感知车辆的姿态变化，为自动驾驶系统提供了稳定而精确的车辆姿态信息。这些信息对确保车辆稳定行驶、精准定位，以及实现复杂工况下的安全控制至关重要。

在自动驾驶技术的初期，我或许并不显山露水，但却是整个系统中不可或缺的一环。我与加速度计、磁力计等传感器共同构成了车辆的惯性导航系统，为自动驾驶车辆提供了独立于外部信号源的自主导航能力。这种自主式的导航方式不仅提高了车辆的抗干扰能力，还使得自动驾驶系统能够在复杂多变的道路环境中保持稳定的运行状态。

同时，我也与雷达、摄像头、激光雷达等多种传感器紧密配合，共同构建了一个全方位、多层次的感知网络。这个感知网络通过收集并分析来自不同传感器的数据，为自动驾驶车辆提供了前所未有的环境感知能力，使得车辆能够更加精准地理解并应对复杂的道路环境。

雷达能够探测到车辆周围的障碍物并测量其距离和速度信息；摄像头则能捕捉车辆前方的图像信息并识别道路标志、行人等目标；激光雷达则通过发射激光束并接收反射光来构建车辆周围的三维环境模型。这些传感器各有千秋，但又存在着一定的局限性。而我作为姿态感知的核心传感器之一，能够与它们进行深度融合和互补，从而实现对车辆周围环境的全面、准确感知。

通过多传感器融合技术，自动驾驶系统能够综合利用来自不同传感器的数据，实现对车辆行驶状态的精准判断和环境的实时感知。这种感知网络的构建不仅提高了自动驾驶系统的安全性和可靠性，还使得车辆能够在复杂多变的道路环境中实现更加智能和高效的驾驶决策。

随着自动驾驶技术的日益成熟，我开始引领自动驾驶进入一个全新的篇章。在这个充满挑战和机遇的旅程中，我不仅为自动驾驶车辆提供了精准的姿态感知能力，还通过与其他技术的深度融合，实现了更加智能和高效的驾驶决策。无论是在复杂多变的道路环境中，还是在高速行驶、急转弯、避障等复杂工况下，我都能够确保车辆的稳定和安全运行。

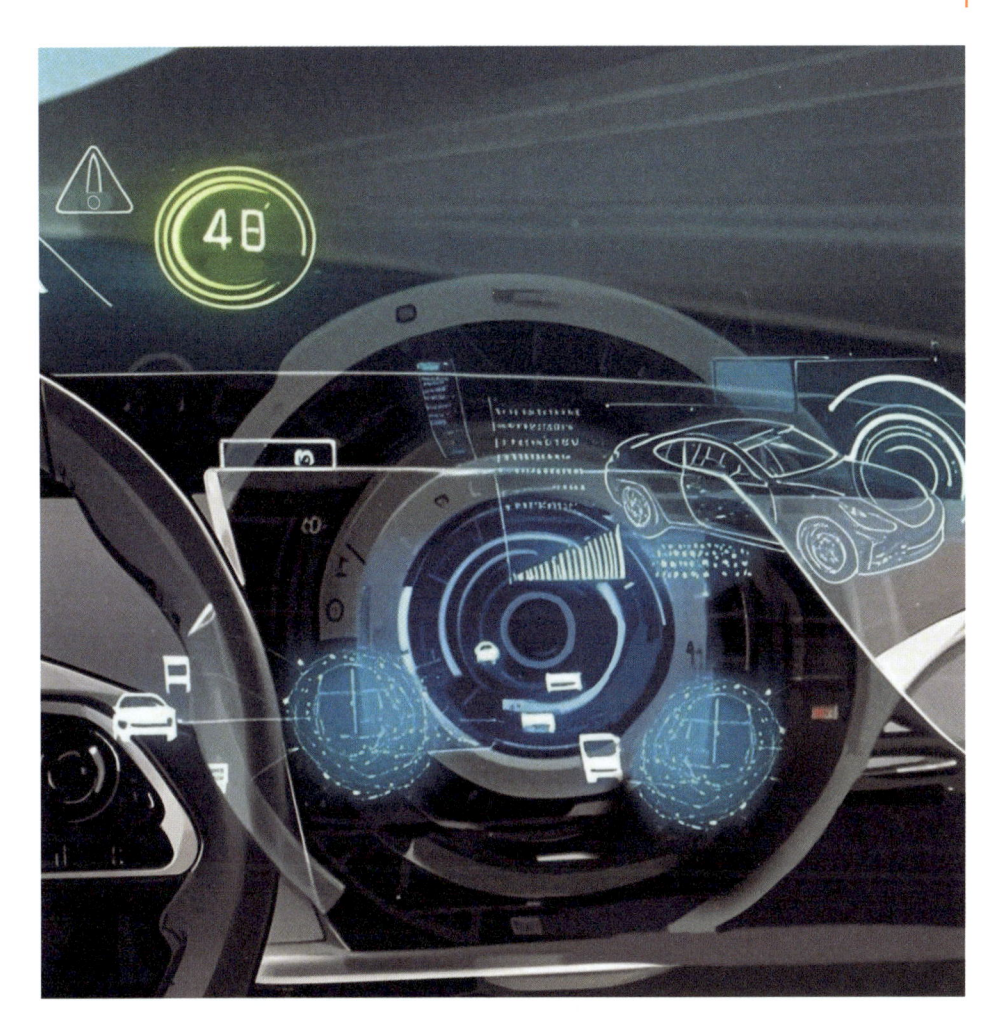

此外，我还在自动驾驶的智能化发展中发挥着重要作用。通过与其他传感器和计算平台的协同工作，我实时收集和分析车辆运行数据，为自动驾驶系统提供更加丰富和全面的信息支持。这些信息不仅提升了自动驾驶系统的决策能力，还为未来的技术创新和发展提供了宝贵的数据资源。

在智能驾驶的篇章中，我与其他技术的深度融合还催生了许多创新的应用场景。例如，在自动驾驶的泊车辅助系统中，我能够实时感知车辆的姿态变化，并结合超声波传感器的数据，精准识别和避让周围障碍物；在自动驾驶的路径规划与优化领域，我同样扮演了关键角色，尤其是在面对复杂路况或未知环境时，路径规划成为自动驾驶系统的一大挑战。我提供的精确姿态信息，能够与其他传感器（如 GPS、地图数据等）结合，共同分析车辆当前位置、姿态及周围环境，从而计算出最优的行驶路径。这一过程中，我的高精度和实时性保证了路径规划的准确性和时效性，使自动驾驶车辆能够灵活应对各种复杂情况，选择最合适的行驶路线。

预测性驾驶与碰撞预警也是我深度应用的一个重要领域。通过结合我的实时姿态数据及雷达、摄像头等的监测信息，自动驾驶系统能够提前感知潜在的危险因素，如前方车辆的突然减速、行人横穿马路等。我的高灵敏度使得系统能够迅速响应这些变化，提前采取制动、减速或避让等措施，有效避免碰撞事故的发生。这种预测性驾驶和碰撞预警的能力，极大地提高了自动驾驶车辆的安全性和可靠性。

在车辆稳定性控制方面,我同样功不可没。在高速行驶或极端驾驶条件下,车辆的稳定性极易受到影响。我能够实时监测车辆的横摆角速度、俯仰角速度等关键参数,为车辆稳定性控制系统提供精准的反馈。当系统检测到车辆稳定性失衡时,会立即触发相应的控制策略,如调整悬挂系统、制动力分配等,以恢复车辆的稳定状态。这种实时性和精确性的控制,使得自动驾驶车辆在面对复杂工况时能够保持出色的稳定性和操控性。

在智能交互与个性化驾驶体验方面,我也展现着独特的价值。随着自动驾驶技术的不断发展,车辆不再仅是交通工具,而是成为一个智能的移动空间。我可以通过感知乘客的姿态变化,为车辆内部的智能系统提供输入信号,从而实现更加人性化的交互体验。例如,当乘客在车内阅读或休息时,系统可以根据我感知的姿态变化自动调整座椅角度、光线亮度等参数，为乘客提供更加舒适的乘坐环境。此外，我还可以与其他传感器结合，实现个性化的驾驶模式设定，如根据驾驶者的驾驶习惯和偏好自动调整车辆的动力输出、悬挂硬度等参数，让驾驶变得更加随心所欲。

4.5 我与地球的不解之缘

在浩瀚无垠的宇宙舞台上，地球宛如一颗璀璨的明珠，以其独有的韵律旋转着，孕育了万物生灵，编织着生命与自然交织的壮丽诗篇。在这颗蓝色星球上，每一寸土地、每一片海洋都蕴藏着无尽的奥秘与资源，等待着人类去探索、去发掘、去珍惜。而在这场漫长而精彩的探索历程中，我——这一看似微小却功能强大的科技产品，以独特的科技魅力，与地球结下了不解之缘，成为人类深入探索地球、合理利用资源的重要伙伴。

在人类对地球资源探索的初期，科学技术尚处于萌芽状态，但人类对未知世界的渴望却如同初升的太阳，炽热而强烈。正是在这样的背景下，我以卓越的稳定性脱颖而出，成为科学观测的重要辅助工具。早期的地球物理学家们，利用我的恒定指向性和高精度测量能力，开始测量地球的自转速度，这不仅为地球动力学的研究提供了宝贵的基础数据，也为后续的天文观测、导航定位等领域的发展奠定了坚实的基础。

此外，我还被巧妙地应用于地质勘探领域。在那个技术条件相对有限的年代，寻找地下矿藏无异于大海捞针。然而，我的出现如同一盏明灯，照亮了地质勘探的道路。科学家们利用我的定向功能，结合地质学、地球物理学等多学科知识，成功地确定了地下矿藏的位置和规模，为矿产资源的开发开辟了新的道路。这一创举不仅极大地促进了人类社会的经济发展，也为后续的资源勘探技术提供了宝贵的经验和启示。

随着技术的不断进步和应用领域的不断拓展，我在地球资源探索中发挥着越来越重要的作用。我被广泛应用于航空地球物理勘探、卫星遥感、海洋资源勘探等多个领域，成为人类探索地球、利用资源的重要工具。

在航空地球物理勘探中，我与先进的飞行器相结合，构成了强大的低空飞行测量系统。这些搭载我的飞行器能够精确控制飞行姿态和航向，确保测量数据的准确性和可靠性。通过低空飞行测量，科学家们能够获取地表及地下的地球物理场数据，进而揭示地下地质构造和资源分布。这一技术的应用极大地提高了地球资源探测的效率和准确性，为矿产资源的开发提供了有力的支持。

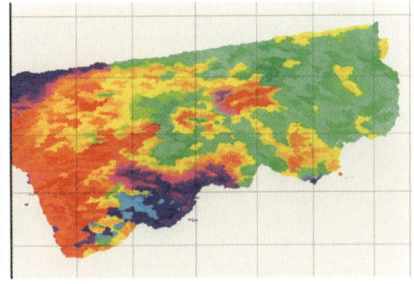

卫星遥感则是另一个展示我科技魅力的舞台。在太空中，卫星需要保持稳定的姿态才能确保遥感数据的精确获取和分析。而我正是实现这一目标的关键技术之一。通过我的定向和稳定功能，卫星能够始终保持指向地球的正确姿态，确保遥感数据的准确性和实时性。这些遥感数据不仅为地球资源的监测和评估提供了重要依据，还为环境监测、气候变化研究等领域提供了宝贵的数据资源。

面对全球资源需求的不断增长和环境保护意识的日益增强，人类开始关注地球资源的可持续利用。在这一背景下，我同样肩负着重要的使命。我通过与其他传感器和计算平台的协同工作，实现对地球资源的实时监测和动态评估，为资源的合理开发和保护提供了科学依据。

在海洋资源勘探中，我与声呐、雷达等结合使用，能够精确测量海底地形和沉积物分布，为海洋矿产资源和生物资源的开发提供科学依据。同时，我还能监测海洋环境的变化趋势，为海洋生态保护和环境治理提供数据支持。这些技术的应用不仅促进了海洋资源的可持续利用，也为人类社会的可持续发展贡献了力量。

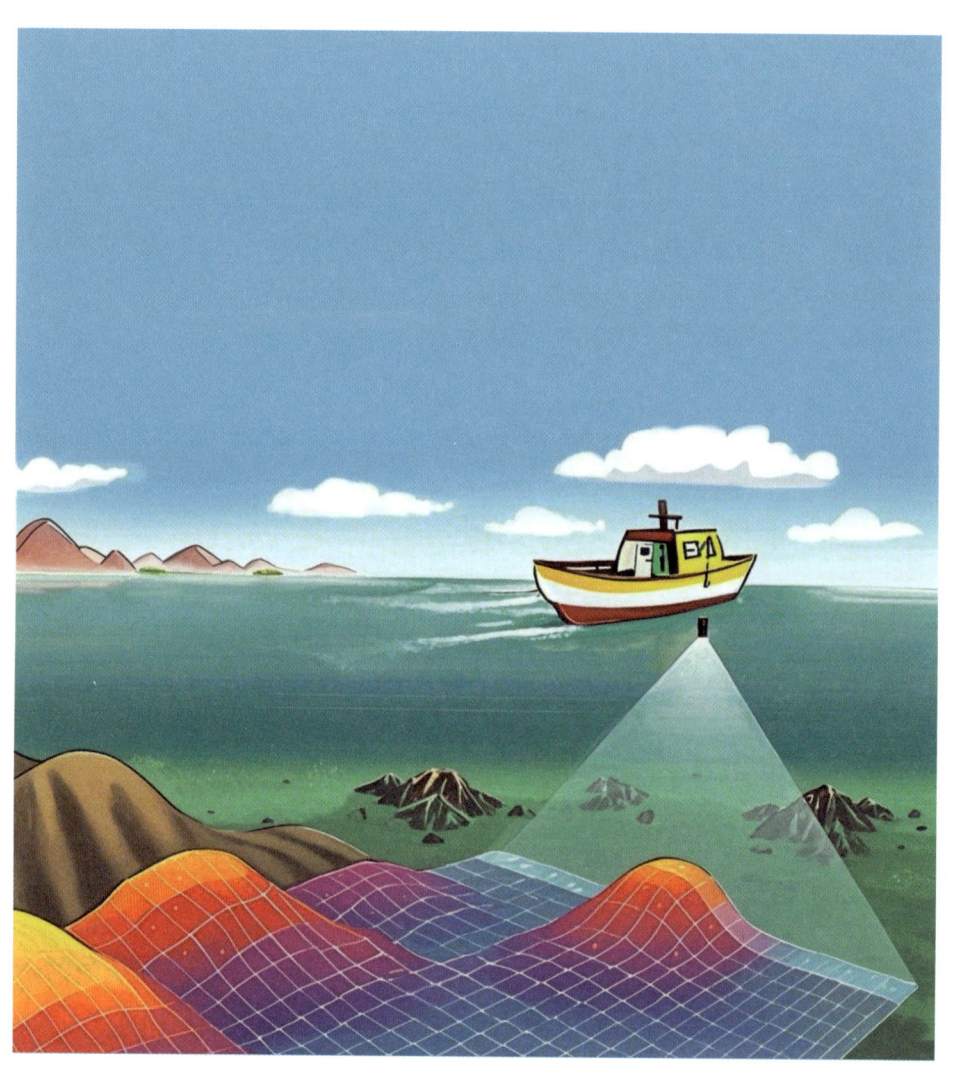

此外，我还在地质灾害预警、环境监测等领域发挥着重要作用。通过实时监测地壳运动、地震波传播等地球物理现象，我能够为地质灾害的预警和防范提供有力支持。同时，我还能够监测大气环境、水质变化等环境指标，为环境保护和生态治理提供数据支持。这些功能的实现不仅提高了人类应对自然灾害和环境问题的能力，也为建设美丽中国、实现人与自然和谐共生提供了有力保障。

第 5 章

我未来的样子

在科技织锦中，我这一古老而经典的传感器技术编织着一幅幅令人瞩目的新图景。我不仅在性能上实现了前所未有的飞跃，更在形态、应用场景，以及与其他技术的深度融合上，引领着一场颠覆性的变革。以下，我们将深入探索我未来可能展现的广阔天地，以及这些变革如何深刻影响社会的每一个角落。

5.1　量子技术的融合

随着量子物理学的神秘面纱逐渐被揭开，量子技术正以前所未有的速度改变着世界。在这一背景下，量子陀螺仪的诞生无疑为我注入了新的活力与希望。量子陀螺仪利用量子纠缠、量子叠加等量子力学原理，实现了对旋转状态的超精准测量，其精度和稳定性远超传统陀螺仪。

想象一下，在遥远的太空中，一艘搭载着量子陀螺仪的宇宙飞船正在进行着星际穿越。在极端的环境条件下，传统陀螺仪可能会因为辐射、温度变化等因素而精度降低，但量子陀螺仪却能保持稳定的工作状态，为飞船提供精确的导航信息。这种能力不仅提升了航天任务的安全性和成功率，也为人类探索宇宙的边界开辟了更广阔的道路。

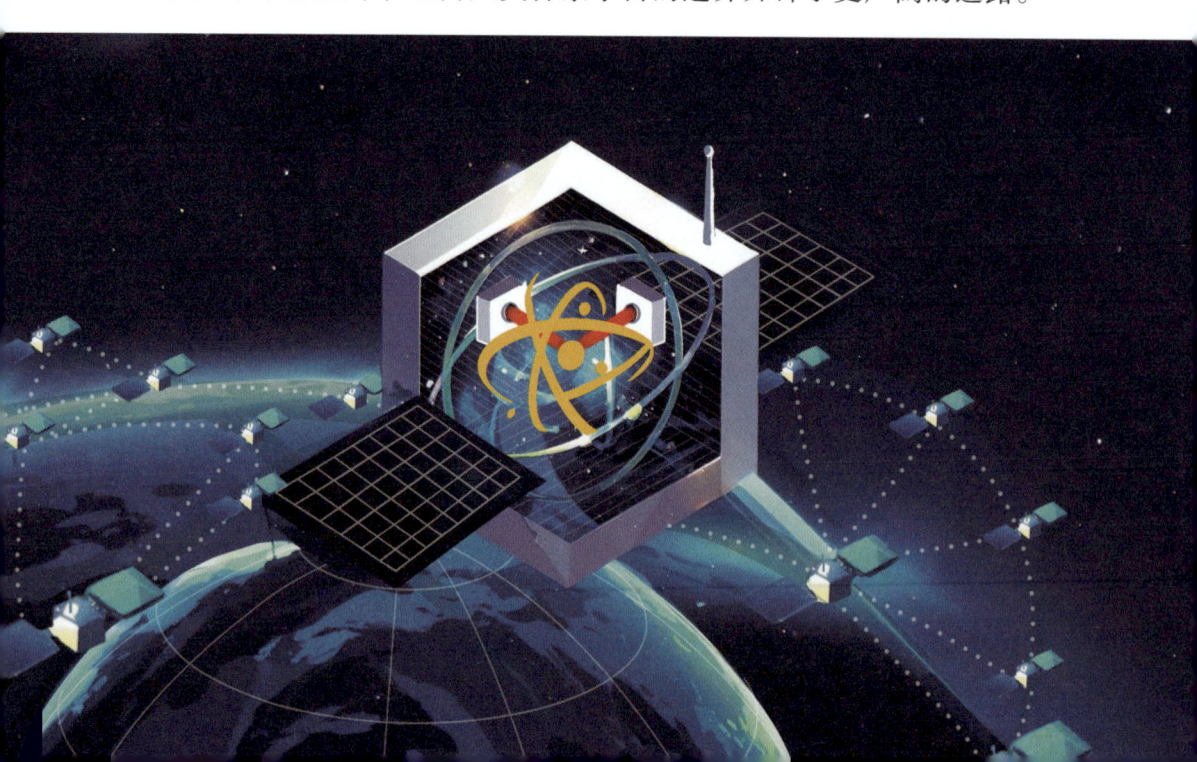

在深海探测领域，量子陀螺仪同样展现了巨大的潜力。在漆黑的深海中，基于传统技术的陀螺仪可能会受到水压、温度变化等因素的影响，导致测量误差增大。而量子陀螺仪凭借其卓越的抗干扰能力和高精度特性，能够准确测量潜水器的姿态和航向，为深海科考和资源开发提供有力的支持。

5.2 微型化与集成化：我无处不在

随着微机电系统技术的飞速发展，我的体积和功耗不断降低。这使得我能够轻松集成到各种小型设备中。未来的我将成为智能手机、可穿戴设备、无人机等智能设备的标配组件。

在智能手机中，我将与其他传感器（如加速度计、磁力计等）协同工作，为用户提供更加精准的定位和导航服务。同时，我还能感知用户的运动状态，实现更加智能化的健康管理和运动监测功能。例如，通过监测用户的步数、跑步速度等数据，智能手机可以为用户提供个性化的运动建议和健身计划。

在可穿戴设备领域，我同样发挥着重要作用。智能手表、智能手环等设备通过集成我及其他传感器，可以实时监测用户的运动状态和睡眠质量，为用户提供更加全面的健康管理服务。此外，我还可以与虚拟现实（VR）、增强现实（AR）技术结合，为用户提供更加沉浸式的娱乐体验。

随着物联网技术的普及和发展，未来的我还将成为物联网感知层的重要组成部分。我将与其他智能设备实现无缝连接和数据共享，为智慧城市、智能家居等领域提供更加丰富的应用场景。例如，在智能家居系统中，我可以感知家用电器的运行状态和位置信息，实现智能控制和优化能源利用；在智慧城市中，我可以监测交通流量和路况信息，为城市交通管理和规划提供有力支持。

5.3 智能化与自适应：我的"大脑"进化

未来的我将不再仅仅是单一的传感器，而是将具备更高级别的智能化和自适应能力。通过集成人工智能算法、机器学习，以及智能芯片技术，我能够实时分析数据、自我校准并优化性能。这种智能化和自适应能力将使我在不同场景和需求下都能提供精准可靠的测量结果。

例如，在自动驾驶汽车中，现在的我需要与其他传感器（如雷达、摄像头等）协同工作，实现对车辆周围环境的全面感知。而未来通过集成人工智能算法和机器学习技术，我可以实时分析车辆的运动状态和周围环境的变化情况，并自动调整工作模式和参数设置以提供更准确的姿态和位置信息。这将大大提升自动驾驶汽车的安全性和稳定性。

此外，未来的我还将具备更强的自适应能力，能够根据不同的应用场景和需求，自动调整测量范围、精度等参数设置。例如，在航空航天领域，当需要高精度的姿态测量时，我可以自动切换到高精度模式以提供更准确的测量结果；而在一些对精度要求不高的应用场景中，我则可以降低精度，以节省能源和成本。

5.4 跨界融合：我与新兴技术的碰撞

在未来的科技发展中，我将与众多新兴技术产生深度的跨界融合。这种跨界融合将推动我的技术不断创新和发展并拓展我的应用范围。

首先，与 5G、6G 通信技术的结合将使我的数据传输速度更快、延迟更低。这将为远程控制和实时监测提供更加有力的支持。例如，在工业自动化领域中，5G、6G 通信技术将我和其他传感器与云端平台连接起来，就可以实现对生产线的远程监控和实时调整，从而提高生产效率和产品质量。

其次，与区块链技术的结合将增强我的数据的安全性和可信度。区块链技术具有去中心化、不可篡改等特点，可以有效保护数据的完整性和安全性。将我的数据与区块链技术相结合，可以确保数据的真实性，提高数据的可信度，并为金融、物流等领域提供更加可靠的数据支持。

在未来，我这一古老而经典的传感器技术会继续勾勒出令人惊叹的新画面。从与量子技术的融合，到朝着微型化与集成化发展，从实现智能化与自适应功能，再到跨界融合，每一次技术的飞跃都不仅仅意味着性能的提升，更意味着对人类生活方式的深刻改变。这些变革不仅提升了技术的精度和可靠性，更深刻影响了人类社会的每一个角落。它们让我们的生活更加便捷、安全、高效，也让人类对未知世界的探索更加深入和勇敢。随着技术的不断进步，我将继续进化，不断突破极限，为人类的未来贡献更多力量。在星辰大海的征途中，我将是人类探索宇宙的忠实伙伴；在日常生活的点滴里，我将为每一个人的幸福保驾护航。未来的我，不仅是技术的象征，更是人类智慧与勇气的结晶。让我们携手，共同开启一个更加智能、更加美好的未来。